BIBLIOTHÈQUE DU CULTIVATEUR
PUBLIÉE
AVEC LE CONCOURS DU MINISTRE DE L'AGRICULTURE

CHIMIE
DES
ANIMAUX

PAR

LE DOCTEUR SACC

Professeur à l'Académie de Neuchâtel en Suisse
Membre correspondant de la Société centrale d'agriculture
de celles de San Isidro et de Toulon
Membre honoraire des Sociétés d'acclimatation de Berlin et de Moscou
Membre correspondant de la Société industrielle de Mulhouse
de la Société d'histoire naturelle de Colmar
Chevalier de l'ordre R. W. de Frédéric, etc., etc.

TROISIÈME ÉDITION

PARIS
LIBRAIRIE AGRICOLE DE LA MAISON RUSTIQUE
26, RUE JACOB, 26

CHIMIE DES ANIMAUX

ORLÉANS, IMP. DE G. JACOB, CLOITRE SAINT-ÉTIENNE, [illegible].

BIBLIOTHÈQUE DU CULTIVATEUR

PUBLIÉE

AVEC LE CONCOURS DU MINISTRE DE L'AGRICULTURE.

CHIMIE DES ANIMAUX

PAR

LE Dr SACC

Professeur à l'Académie de Neuchâtel en Suisse,
Membre correspondant de la Société centrale d'agriculture,
de celles de San-Isidro et de Toulon,
Membre honoraire des Sociétés d'acclimatation de Berlin et de Moscou,
Membre correspondant de la Société industrielle de Mulhouse,
de la Société d'histoire naturelle de Colmar,
chevalier de l'Ordre R. W. de Frédéric, etc., etc.

TROISIÈME ÉDITION

PARIS
LIBRAIRIE AGRICOLE DE LA MAISON RUSTIQUE
26, RUE JACOB, 26

CHIMIE DES ANIMAUX

CHAPITRE PREMIER

Formation.

Tous les animaux naissent, comme les plantes, d'un œuf ou graine, ou bien d'un bourgeon. Ce dernier mode de génération n'appartient qu'aux êtres placés le plus bas dans l'échelle animale, tels que les vers et les polypes ; nous n'aurons donc pas à nous en occuper. Quant aux autres animaux, on les divise en ovipares ou êtres qui pondent des œufs, comme les papillons, les lézards et les poules, et en vivipares ou êtres qui font leurs petits vivants, comme les lapins et les vaches. Entre ces deux classes, il règne une étroite parenté. En effet, quoique la plupart des serpents soient ovipares, plusieurs d'entre eux, comme la vipère, sont vivipares, et un lézard bien connu est ovipare dans les terres humides, et vivipare dans celles qui sont sèches. Plusieurs fois déjà des œufs retenus dans le corps des poules y ont produit des petits vivants, et la formation des petits de tous les vivipares est précédée par celle d'un œuf excessivement petit, qui, après avoir été fécondé, se développe en s'attachant à la matrice de la mère, dans les parois de laquelle il s'incruste. L'œuf du bœuf, du porc, du chien, n'est guère plus grand que la pointe d'une épingle ; aussi faut-il un œil bien exercé pour le découvrir. L'œuf des vivipares peut être comparé au germe des œufs ordinaires ; ce n'est qu'un point vital, que le ferment destiné à animer les substances organiques que vont lui fournir les intestins de sa mère. Comme les œufs des vivipares sont trop petits pour qu'on ait pu en faire l'analyse, nous passerons à l'examen de l'œuf de poule, qui est formé de trois parties bien distinctes : la coquille, le blanc ou albumine, et le jaune ou vitellus. La coquille manque dans les œufs de grenouille ; elle est très-mince dans ceux de limaçon, membraneuse dans ceux de vers à soie et de serpents, dure et rugueuse dans ceux des gallinacées et des oies, polie et lisse comme de l'ivoire dans les œufs de canard. La couleur des coquilles d'œufs varie beaucoup : blanche dans la poule, le pigeon, le cygne, l'oie, le canard et tous les oiseaux de nuit, elle est rose parsemée de points plus ou moins rouges chez le dindon, la pintade et l'hirondelle ; verte parsemée de points plus ou moins bruns chez la plupart des oiseaux chanteurs, puis chez le corbeau et la pie ; brun clair tachée de brun foncé chez les cailles et les perdrix. On trouve peu d'œufs de couleur, verte uniforme. Ceux du faisan argenté sont d'un beau rose uniforme. Du reste, la couleur et la forme des taches varient avec les individus, et même avec les œufs d'un seul individu ; elle est due à la matière colorante du sang que les petites glandes du cloaque sécrètent plus ou moins pure.

Le blanc d'œuf varie beaucoup avec les espèces : il est plus ou moins verdâtre et visqueux, et se coagule à des températures variables ; celui des œufs de canard se prend en masse quand celui des œufs de poule commence à peine à se coaguler. L'albumine possède une odeur fade qui devient désagréable quand les poules ont mangé des hannetons ; celle des œufs de tortue est très-épaisse et ne se coagule pas quand on la chauffe, non plus que celle des œufs d'escargot, qui offre plutôt les caractères de la gélatine.

Quant au jaune d'œuf ou vitellus, il présente aussi de

grandes variations de couleur et de composition : noir dans les œufs de grenouille, il manque dans ceux d'escargot, et se présente avec une teinte jaune plus ou moins foncée dans les œufs de tous les oiseaux. Chez les poules, le jaune ou vitellus est beaucoup plus foncé en été qu'en hiver, ce qui vient sans doute de ce qu'elles mangent alors de l'herbe à laquelle elles empruntent la matière colorante qui n'existe qu'en petite quantité dans leur nourriture sèche. Le rapport du volume du vitellus à celui de l'albumine varie avec la durée de l'incubation, au moins pour la poule, la dinde et la cane de Barbarie, car en le représentant par 3 pour la poule, il est de 4 pour la dinde et de 6 pour la cane de Barbarie. Ce résultat est facile à expliquer quand on sait que le jaune d'œuf correspond au lait de la mère chez les vivipares; c'est lui, en effet, qui sert à nourrir l'embryon et qui disparaît pendant l'incubation de l'œuf, tandis que le blanc, en passant à l'état de chair, forme le corps du jeune oiseau. Le vitellus contient toujours beaucoup de graisse que brûle la respiration, tandis que la caséine et l'albumine qui l'accompagnent sont aussi employées à former de la viande. Quand on broie un vitellus avec de l'eau, on obtient une émulsion tellement semblable au lait des vaches, qu'on lui donne le nom de lait de poule. Si le vitellus n'est qu'une émulsion très-concentrée et enfermée dans un tube à parois très-minces dont les deux extrémités se sont fermées en se contournant sur elles-mêmes, le blanc semble être enfermé dans les larges mailles d'un réseau membraneux qui tombe au fond de l'eau dans laquelle on le divise, tandis que son albumine reste en dissolution.

L'œuf présente une curieuse analogie avec les mollusques et les crustacés, en ce que sa partie terreuse, la coquille, est placée à l'extérieur, comme la coquille du limaçon et la carapace de l'écrevisse, et qu'elle couvre les parties vivantes; mais ce rôle change durant l'incubation, puisqu'à mesure que le poulet se développe, il enlève à la coquille la matière terreuse nécessaire à la formation de ses os, ce qui l'affaiblit assez pour qu'il puisse la rompre quand le moment de l'éclosion est arrivé. La coquille d'œuf est essentiellement formée de carbonate, avec des traces de phosphate calcique, sa réaction est donc basique. Celle de l'albumine est fortement alcaline, tandis que celle du jaune est absolument neutre. Ces réactions chimiques indiquent clairement que le rôle du jaune est celui de matière alimentaire, tandis que l'alcalinité de l'albumine en fait la matière vivante et réellement animalisable de l'œuf.

La coquille de l'œuf de poule est formée de :

Carbonate calcique	91
Phosphate	7
Matière animale	2
	100

L'albumine fraîche contient 88 p. 100 d'eau ; elle doit sa réaction fortement alcaline à la soude caustique à laquelle elle est unie, et qui forme la plus grande partie de ses cendres, dans lesquelles on trouve aussi un peu de phosphate calcique. Ce sel jouit de la propriété de se dissoudre dans la plupart des matières organiques ; aussi son passage, de la coquille, aux os du poulet est-il facile à expliquer par l'effet d'une simple dissolution.

Le vitellus est absolument neutre ; il est formé de :

Caséine avec un peu d'albumine	16
Graisse colorée en jaune	28
Cendres formées essentiellement de chlorure sodique et de phosphate calcique	5
Eau	51
	100

Sous l'influence de la chaleur, les œufs non fécondés perdent de l'eau et se dessèchent ou se pourrissent, tandis que ceux qui ont été fécondés subissent une série de métamorphoses excessivementintéressantes ; le petit point blanc qu'on apercevait à la surface du jaune s'organise, et bientôt on voit, à l'aide du microscope, qu'un vaisseau s'y développe : c'est le cœur qui envoie entre les îlots de graisse un fluide incolore, qui peu à peu se teint en rose et passe ensuite à l'état de sang. A mesure que le jeune oiseau croît, l'œuf dégage toujours davantage l'acide carbonique, et il absorbe de l'oxygène; aussi fait-on périr l'embryon en vernissant les œufs; il suffit même d'en vernir une partie pour empêcher le développement de la portion correspondante du jeune oiseau. Ces faits indiquent clairement pourquoi, quand les oiseaux salissent leurs œufs, ils les empêchent d'éclore; on doit donc laver tous les œufs qui ne sont pas propres avant de les donner aux couveuses.

La chaleur nécessaire au développement des œufs varie avec les espèces animales, car tandis que les papillons, les limaces et les lézards ne couvent pas leurs œufs, nous voyons tous les oiseaux procurer aux leurs une chaleur artificielle, soit en se couchant sur eux, soit, ainsi que le fait le talégalle de Latham ou dindon de la Nouvelle-Hollande, en pondant ses œufs dans des tas d'herbe et de feuilles dont la fermentation produit assez de chaleur pour les faire éclore. Vingt jours après la ponte de chaque œuf, l'intelligent talégalle vient le déterrer et enlève le poussin, qui ne tarde pas à en sortir; il continue ce manége pendant quinze à seize jours, jusqu'à ce qu'il ait autant de petits qu'il avait pondu d'œufs. Du reste, il n'est pas nécessaire que la mère couve constamment ses œufs; elle peut les quitter pendant plusieurs heures de suite et les laisser même complètement refroidir sans qu'ils soient perdus. Nous en avons fait souvent l'expérience avec les canes de Barbarie, qui abandonnent régulièrement leurs nids de onze heures du matin à trois heures de l'après-midi: ils éclosent cependant au bout de six semaines tout aussi exactement que s'ils avaient été couvés par une de ces dindes infatigables qui ne quittent jamais volontairement leur nid. Les oiseaux chanteurs délaissent aussi quelquefois leurs œufs pendant plusieurs heures sans que leur couvée en souffre; reste à savoir si ce fait est particulier ou non à quelques espèces privilégiées; ce qui est positif, c'est qu'aucun œuf d'oiseau de basse-cour ne se développe, comme ceux des insectes, sous l'influence de la seule chaleur de l'air; il lui faut absolument une chaleur artificielle qui se prolonge plus ou moins suivant les espèces. Le pigeon commun couve 12 à 14 jours ; le pigeon romain, 16 à 19 ; toutes les espèces de poules, 19 à 21 jours ; la dinde, l'oie et la cane, 28 à 30 jours ; la cane de Barbarie et le cygne, 42 jours. Il n'y a pas de rapport exact entre la grosseur de l'oiseau et la durée de l'incubation, puisque les serins couvent presque aussi longtemps que les pigeons, les petites poules de Chine aussi longtemps que les énormes cochinchinoises, et le canard de Barbarie aussi longtemps que le cygne.

Dans le sein des vivipares, on trouve aussi que l'incubation n'est pas en rapport avec la grosseur de la mère, puisque la souris porte aussi longtemps que la lapine, la vache seulement deux fois plus longtemps que la brebis, et l'ânesse cinquante jours de plus que la jument.

Dès que le petit est viable, il brise ses enveloppes et sort de l'œuf ou du ventre de sa mère, où il a formé son corps. Dans l'œuf, il est aisé de suivre les progrès du jeune animal, dont les vaisseaux sanguins, traversant tout l'œuf, vont s'appliquer contre la coquille, au travers des pores de laquelle s'effectue l'échange des gaz. Quant au jeune oiseau, il se forme autour du jaune en absorbant le blanc, auquel il se substitue peu à peu ; à l'instant de la naissance, le reste du jaune entre, avec l'intestin qui l'enveloppe, dans le ventre, et sert à le nourrir pendant un, deux ou même trois jours après l'éclosion. Chez les canards muets, il est facile de suivre le passage de l'intestin et du jaune dans la cavité abdominale : il suffit pour cela de briser la coquille au moment où le petit la soulève avec son bec ; alors on voit tout l'intestin et le jaune qui le gonfle y entrer peu à peu, puis aussi le sang qui circulait encore dans les vaisseaux de la coquille tarir peu à peu, à mesure que la respiration se transporte de la coquille au bec, et de là aux poumons. Cette expérience est toujours mortelle pour le caneton ; mais elle vaut bien la peine d'être faite, puisqu'elle démontre nettement que l'oiseau vit, dans l'œuf, aux dépens du vitellus, et qu'il respire au travers de la coquille. La cause de l'éclosion est le transport lent de la respiration, des pores de la coquille, aux poumons du jeune oiseau, qui, manquant d'air, se débat et ouvre la coquille en la frappant à coups redoublés avec la pointe si dure qui garnit son bec; s'il ne réussit pas dans cet effort, il meurt étouffé dans l'œuf. La cause de la naissance paraît résider, chez les vivipares, dans la matrice, qui, fatiguée et surexcitée par le petit qu'elle abreuve et nourrit avec son sang, le repousse avec une force vraiment extraordinaire. Bien souvent l'excitation de la matrice la force à rejeter le petit qu'elle nourrit avant qu'il soit arrivé au terme de son développement, ce qui constitue les accidents malheureusement trop fréquents de l'avortement, dont les causes sont très-nombreuses.

Entre le germe, expulsé avec ses aliments à l'état d'œuf, et le petit né viable, il existe une transition insensible qui rend encore plus difficile à saisir la différence qui existe entre ces deux modes de génération; c'est ainsi que les petits des lapins naissent nus et aveugles; ceux des chiens et des chats, aveugles; enfin ceux des kangourous, des sarigues et de tous les animaux à poche abdominale, à l'état d'embryon tellement peu développé, qu'ils en sont absolument informes; la mère les fixe sur les mamelles de sa poche abdominale, auxquelles il restent greffés jusqu'au moment où ils sont viables, en sorte qu'ils subissent dans cette poche une véritable incubation.

Après leur naissance, tous les animaux ont besoin de nourriture, et lorsqu'ils naissent imparfaits, comme les pigeons, les lapins et la plupart des mammifères domestiques, ils la reçoivent de leurs parents, qui les allaitent ou qui, comme les pigeons, leur vomissent dans le bec des aliments déjà tout digérés.

Les poules, les dindes, les canards et les cochons de mer font des petits assez forts pour se procurer leurs aliments dès leur naissance, quoiqu'ils aient encore besoin de la mère pour les réchauffer. Les jeunes des ruminants sont assez forts pour suivre leurs parents dès leur naissance. On ne peut atteindre les jeunes chamois et les jeunes bouquetins qu'immédiatement après qu'ils ont vu le jour ; ils échappent au chasseur déjà lorsqu'ils n'ont que quelques heures. Quant aux petits des chiens, des chats et de tous les carnivores, ils restent très-longtemps faibles et sans pouvoir se servir de leurs membres.

Bientôt l'animal a acquis tout son développement, et il nous présente deux ordres de phénomènes bien différents : à l'un s'attache tout ce qui a trait à l'accroissement ; à l'autre tout ce qui se rapporte au décroissement de l'individu, qui est donc une espèce de balance sur l'un des plateaux de laquelle on met la nourriture, et sur l'autre les sécrétions. Nous avons déjà vu que la vie est toujours accompagnée par une circulation de la matière marquée par des pertes et des gains successifs, qui font que le poids des animaux varie à chaque instant. Les aliments, introduits par la bouche avec de l'eau et de l'oxygène qui entre dans les poumons, produisent une augmentation de poids bientôt suivie de diminution, parce que la plus grande partie s'en dégage, sous forme de gaz par les poumons et la peau, d'eau par les reins, et de matières fécales plus ou moins solides par les intestins. Quand la nourriture est en excès, il y en a une portion qui se fixe dans le corps de l'animal, dont le poids augmente, tandis que dans le cas contraire, c'est le corps de l'animal qui fournit le combustible nécessaire au jeu de ses poumons, et alors il maigrit peu à peu, jusqu'à ce qu'il meure.

La vie est la force qui préside à l'accroissement ainsi qu'au décroissement des êtres doués d'organes ; dans les animaux, la vie est accompagnée du sentiment, de l'instinct, puis de l'intelligence, et chez l'homme seulement de l'âme, ce lien sublime qui nous unit à l'éternité et nous permet d'échapper aux douleurs de cette terre en nous élevant au-dessus d'elles. Les plantes sont douées quelquefois de sentiment : au moins, lorsqu'on touche les étamines de l'épine-vinette, les feuilles de la sensitive, les voit-on se replier brusquement sur elles-mêmes ; mais la plante n'a point la conscience de l'attouchement qui produit cet effet tout local, puisque ce n'est que l'étamine, que la feuille touchée, qui se sont contractées ; le reste de la plante est resté immobile. Qu'on touche un hérisson, et il se roulera aussitôt en boule hérissée de piquants ; un escargot, et il se retirera dans sa coquille ; une mouche, et elle s'envolera. C'est que les animaux seuls sont sensibles ; les plantes ne sont qu'irritables, et encore ne le sont-elles pas toutes.

Tous les animaux sont doués de sentiment, quoique tous ne soient pas pourvus des sens de la vue, de l'odorat, de l'ouïe, du goût et du toucher. Ce dernier seul est commun à tous les animaux, et il supplée si bien aux autres sens, que la chauve-souris, avertie par la seule résistance de l'air, échappe pendant la nuit la plus obscure au filet qu'on lui a tendu ; le ver de terre, qui est sourd et aveugle, est averti, par l'imperceptible mouvement du sol, de l'approche de ses ennemis, et se retire aussitôt dans sa galerie souterraine ; c'est enfin encore le toucher, affecté par l'ébranlement des eaux, qui avertit le poisson apprivoisé que la cloche qui l'appelle à la pâture, et qu'il est incapable d'entendre, est en branle.

Le toucher n'est en général point émoussé par la présence des téguments les plus épais et les plus durs : le cheval palpe le sol avec son sabot corné ; le paon sent sous son épais plumage le moindre attouchement, et le cheval, dont le cuir est si remarquablement épais, le fronce et se secoue dès qu'une mouche légère s'y pose. Le toucher est vraiment le seul des sens qui soit indispensable ; aussi n'est-il jamais détruit et se trouve-t-il répandu partout à la surface du corps, depuis la plante des pieds jusqu'à la racine des cheveux.

Après le toucher, le sens le plus répandu est celui de la vue, puis celui de l'ouïe, et enfin celui de l'odorat et celui du goût, qui ne font qu'un, et qu'on pourrait appeler le sens d'agrément, tant il est peu utile ; aussi paraît-il manquer à la plupart des animaux.

Comme les animaux ont la conscience des sensations que leur transmettent leurs sens et de leurs conséquences, elles décident leurs actes, et ils en recherchent ou en fuient les causes ; les animaux sont donc tous mobiles, quoiqu'il y en ait quelques-uns dont la coquille est fixée au sol, ce qui n'empêche pas leurs mouvements autour d'elle ou dans son intérieur.

Plus les animaux sont imparfaits, plus aussi ils se trouvent soumis aux étranges effets de l'*instinct*, qui les porte à accomplir ces œuvres admirables qui ont fait étudier avec tant de suite et de succès les débris pierreux des polypiers, les mœurs stéréotypées des fourmis et des abeilles. L'instinct est diamétralement opposé à l'intelligence. L'animal poussé par l'instinct n'est qu'une machine vivante fatalement poussée vers un but : le polype construit toujours son squelette pierreux d'après les superbes lois mathématiques découvertes par M. Milne Edwards ; l'abeille bâtit constamment des cellules hexagonales ; la fourmi ne change jamais ses habitudes. En un mot, il semble que ces animaux se rapprochent des plantes, qui croissent toujours de la même manière, d'après des lois immuables, et dont toute la vie a pour but de mûrir des graines. Il y a quelques jours que nous avons découvert de l'instinct chez un des êtres les plus infimes de la création, le lombric, ou ver de terre. Déjà, souvent, nous avions été frappé par les feuilles et les tiges fixées dans l'orifice des galeries des lombrics, sans pouvoir comprendre qui pouvait les y enfoncer ; à force de chercher, nous avons fini par voir à l'ouvrage un ver qui, à la suite de tractions répétées, a fini par arracher de sa tige une feuille de vigne et la fixer solidement dans son trou. Le même fait a été observé par le respectable doyen de l'industrie mulhousienne, M. Daniel Kœchlin, qui nous a dit que les vers ne ferment leurs trous qu'à l'approche de la pluie, ce que nous avons trouvé parfaitement vrai. Quand donc les lombrics bouchent leurs galeries, on peut être assuré de l'approche de la pluie. C'est encore l'instinct qui porte le castor à bâtir ses remarquables habitations ; le furet, à sucer le lapin au nez ; l'aigle, à frapper ses victimes sur la nuque, et le glouton rossignol, si avide de mouches, à ne pas se jeter sur les guêpes. Mais ici l'instinct se complique déjà de l'intelligence, et le castor cesse de construire ses habitations lorsqu'on les lui a une fois détruites. Quoique l'instinct devienne de plus en plus obtus à mesure qu'on s'élève dans l'échelle des êtres, on le retrouve chez la plupart d'entre eux et même chez l'homme, dont l'amour de la société, par exemple, est bien plus instinctif que réfléchi.

L'*intelligence* est la faculté qui permet de tirer des conclusions des faits connus. Le cheval bondit lorsqu'il entend le claquement du fouet, parce qu'il en connaît les effets ; la poule s'élance contre le chat qui s'approche de ses petits ; le perroquet caresse la main qui le nourrit, et le chien seul s'y attache d'une manière exclusive et la défend ; le chien est le type de l'intelligence, qui semble écrite dans ses beaux yeux, dont l'expression ne rencontre d'analogue que dans ceux du phoque. Le chien lit dans nos yeux, et, comme un ami, il devine notre pensée avant qu'elle se soit échappée de nos lèvres. Le chien est l'ami de tous, le fidèle compagnon du malheureux, la famille du pauvre abandonné. On n'a aucune idée de l'empire que l'éducation a sur le chien. Chaque matin passe devant notre porte le chien d'une femme âgée et paralytique, dont il va faire les commissions ; un panier dans la gueule, il court d'abord chez le boucher, puis il se rend chez le boulanger, d'où il revient triomphant à la maison. Après dîner, il s'en va chercher la gazette chez un voisin, auquel il la rapporte dès que sa maîtresse l'a lue. Mais qu'est-ce que tout cela à côté des caresses tellement senties et si désintéressées de ces excellents animaux ? Le chien semble vivre pour aimer l'homme. Le chien observe tellement son maître qu'il finit par mouler son caractère sur le sien propre ; son maître passe avant tout, sur ses besoins et sur ses passions. C'est l'immense avantage qu'a le chien sur le singe, qui, n'aimant que lui, est toujours en proie à ses passions et déchire la main qu'il venait de couvrir de baisers. L'intelligence du singe est infiniment plus développée que celle du chien ; mais il ne s'en sert que pour lui.

Ce qui distingue l'homme des animaux, c'est qu'ayant la conscience du bien et du mal, il maîtrise ses mauvais penchants et s'attache à développer les bons, dans le but de gagner le ciel en accomplissant la tâche que Dieu lui a confiée. Dès que l'homme abandonne son Dieu pour se déifier lui-même, il n'a plus de guide que ses passions, et devient alors plus cruel que le tigre, plus lâche que le loup, plus sale que le cynocéphale, plus inconstant que le singe, parce que, faisant tout avec réflexion, il devance les brutes dans la voie où l'instinct seul les pousse. La vie de l'homme sur la terre est remplie de dévoûment et d'abnégation : c'est une vie de peine et de travail, et ceux qui s'y soustraient ont bien tort, parce que le travail est l'unique remède sûr contre la plupart des maux auxquels notre corps, et notre âme surtout, sont soumis.

Lorsqu'on jette un coup d'œil sur l'ensemble des êtres, on est surpris d'y trouver cette symétrie qui frappe dans les minéraux, les plantes et les polypiers. Presque tous les organes sont doubles, et ils se correspondent avec une grande régularité. Quelquefois on en trouve d'impairs ; mais c'est l'effet de la fusion de deux organes qu'on trouve bien nettement séparés dans l'embryon. Tout se fait avec ordre dans la nature ; rien n'y est placé au hasard : c'est une vérité que le savant professeur Isidore Geoffroy Saint-Hilaire a fait toucher au doigt en démontrant, dans son admirable *Traité de tératologie*, que les monstres confirment de la manière la plus éclatante la loi de symétrie des organes.

Il n'y a rien de plus simple, mais aussi rien de plus immuable, que les lois qui régissent le monde, lois bien peu nombreuses, mais dont les effets sont tellement variés dans les trois règnes, qu'on a quelquefois de la peine à suivre la trace de cette sage uniformité au sein d'une aussi ineffable variété.

L'antagonisme, si développé dans le monde moral, est tout aussi sensible dans le monde matériel : c'est ainsi que les herbivores et les insectes mettent des bornes aux envahissements des plantes, les carnivores à la multiplication des herbivores, et que l'homme seul pose des limites à l'empire de ces dangereux tyrans. Quant à l'homme, il aurait bientôt rempli le monde, si le vertige du mal ne le poussait pas à s'entre-détruire, et si la maladie n'en décimait pas chaque année la nombreuse famille. En poursuivant l'antagonisme dans les espèces, on trouve la différence des sexes, puis enfin celle des fonctions, dont les unes augmentent et les autres diminuent le corps animal ; le grand travail de l'équilibre du monde se fait donc sentir jusque dans les moindres détails de la création.

La *vie animale* est d'autant moins tenace que les parties du corps ont moins d'indépendance, On peut hacher un polype sans le tuer : chacun de ses fragments produira un nouvel être ; couper la patte d'une écrevisse, et elle repoussera. Mais si on fait la même opération à un chien, à un bœuf, tout son être s'en ressentira, et il en mourra le plus souvent ; dans tous les cas, jamais le membre amputé ne renaîtra.

C'est chez l'homme que tous les organes ont le plus de solidarité ; aussi est-ce lui qui supporte le moins facilement les lésions organiques, qui provoquent sa mort avec une déplorable facilité. La *mort* est le terme assigné par le Créateur à la vie, car la mort n'est pas dans l'essence de l'animal : son corps est disposé pour subsister éternellement, en sorte que, quand la vie s'en retire, c'est toujours sous l'influence du doigt de Dieu et jamais sous celle de l'action matérielle, qui est admirablement calculée pour subsister à jamais.

Tous les tissus animaux vivants sont irritables, c'est-à-dire qu'ils se contractent lorsqu'on les touche ; ils conservent cette propriété après la mort, d'autant plus longtemps que leur vie est plus tenace. Les anguilles, par exemple, se replient encore sur elles-mêmes plusieurs heures après qu'on les a assommées et écorchées, tandis qu'au bout de quelques minutes déjà, la chair du bœuf ou du porc cesse de se contracter sous le couteau qui la tranche ; les cornes, les sabots et les poils ne sont pas irritables, parce qu'ils ne sont pas vivants : ce sont des excrétions.

Pour que la vie se manifeste, il lui faut des aliments solides et liquides pour l'estomac, gazeux pour les poumons, puis aussi de la chaleur, de la lumière et probablement encore de l'électricité. Ce sont les plantes qui sont le point de départ du corps des animaux, puisqu'elles sont mangées par les herbivores, qui servent à leur tour de pâture aux lions, aux loups, ainsi qu'aux vautours, aux corbeaux, aux vers et à toute l'innombrable cohorte des insectes carnivores.

Les plantes étant riches en viande, en graisse et en sucre, elles contiennent tous les éléments du corps animal, dont l'estomac ne fait que les séparer d'avec les parties indigestes, qui sont rejetées au dehors, tandis qu'elles passent dans le sang et vont se déposer sur tous les points où leur présence est nécessaire; l'eau est donc absolument indispensable à la digestion, puisqu'il n'y a pas de nutrition possible quand les aliments ne peuvent pas entrer en dissolution dans ce fluide qui seul peut les faire passer dans le sang. L'unique aliment gazeux est l'oxygène de l'air, qui, en brûlant certains éléments du sang, produit la chaleur nécessaire à chaque animal; la respiration est donc d'autant plus active, et par conséquent aussi le besoin de manger d'autant plus grand, que la température de l'animal est plus élevée. Un petit oiseau chanteur ne se passe pas facilement de nourriture pendant plus de trois heures, parce que sa température est de + 44° C, tandis que la grenouille, qui peut se passer de nourriture pendant des mois entiers, n'a jamais une température beaucoup plus élevée que celle de l'atmosphère. De ce fait on arrive à conclure que la respiration n'est pas indispensable à la vie, quand l'animal est à sang froid; la respiration ne sert donc absolument qu'à produire de la chaleur et non pas à purifier le sang, comme on le croit généralement. Cela est si vrai que la respiration devient de moins en moins active chez les animaux à sang chaud, à mesure que la température de l'air s'élève, et que leur appétit diminue précisément dans le même rapport. Telle est la raison pour laquelle les agriculteurs ont soin de tenir leur bétail dans de chaudes étables, parce qu'une longue expérience leur a appris qu'alors il mange moins.

La température des animaux à sang chaud varie de 36 à 42° C; dans certaines maladies, elle peut s'élever de 2° C ou baisser de 5° C.

Elle est de :

39,7 pour les singes d'Afrique.
38,8 pour les rats.
39,0 pour les chiens.
40,0 pour les moutons.
38,9 pour les bœufs.
42,1 pour les pigeons.
43,9 pour les coqs.
41,7 pour les oies.
42,1 pour les moineaux.

L'alimentation, par contre, est indispensable à la vie. Tous les animaux mangent et rejettent au dehors la portion de leurs aliments qu'ils ne peuvent assimiler : tous possèdent donc des organes plus ou moins complets, destinés à la digestion des aliments ; le besoin de manger est d'autant plus intense que la respiration est plus active. Certains animaux font cependant exception à cette règle : ce sont les voraces poissons, appelés brochets et lottes, dont la faim est insatiable, mais dont la croissance est aussi d'une fabuleuse rapidité. Nous avons vu une lotte, grosse comme le doigt, mise dans un étang très-poissonneux, gagner en un an plus de 500 gr. Ce rapide accroissement de substance ne surprend pas, lorsqu'on réfléchit que, la respiration des lottes étant peu active, elle n'enlève presque rien aux aliments, qui sont employés en totalité à produire leur chair et leur graisse. Si les animaux domestiques étaient à sang froid, leur corps s'augmenterait précisément du poids des substances nutritives contenues dans leurs aliments, tandis qu'à cause de l'activité de leur respiration, ils en brûlent la plus grande partie, en pure perte pour l'éleveur. On obvie à cette perte de substance alimentaire en plaçant les bêtes à l'engrais dans des étables aussi chaudes que possible, qui, en diminuant l'activité de la respiration, forcent le bétail à brûler moins et à assimiler davantage. Si on tient les bêtes à l'engrais aussi dans un état de parfaite immobilité, c'est qu'on a reconnu que le mouvement entraîne avec lui une perte de substance tout aussi sensible que celle qu'amène la respiration. Il faut doubler, pour le bœuf de travail, la ration qu'il reçoit quand il reste à l'étable; nous savons tous que l'appétit augmente lorsqu'on se donne du mouvement, et qu'il diminue quand on n'en prend pas.

L'appétit est produit par la vacuité de l'estomac; c'est un véritable sentiment de malaise qui peut s'élever jusqu'à entraîner le délire. Quand l'appétit n'est pas satisfait, le corps diminue; l'animal brûle sa propre chair et vit à ses dépens, jusqu'à ce que la mort vienne mettre fin à ses tourments.

Il faut chaque jour à un homme de trente ans, pesant 60 kilogr., pour sa nourriture :

	Au repos.	Travail léger.	Travail fort.
Viande sèche	70,87	119,07	184,27
Graisse............	28,35	51,03	70,87
Fécule	340,20	530,15	567,00

Les sécrétions représentent pendant le même espace de temps, soit vingt-quatre heures :

	Acide carbonique.	Eau.	Urée.
Au repos..........	911,5	828	37,2
Travail fort........	1284,2	2042,1	37,0

Comme les conditions d'existence sont les mêmes pour tous les animaux que pour l'homme, il est donc clair que plus un animal se donne de mouvement, plus aussi il consommera de nourriture.

Tous les animaux recherchent la chaleur. Aucune vie ne se développe au-dessous de 0° C, que chez les animaux capables de se défendre contre le froid à l'aide de leur chaleur propre. Il en est un peu autrement de la lumière, que les animaux supérieurs seuls recherchent et au développement desquels elle est nécessaire. Les vers la fuient et peuvent même s'en passer tout à fait, comme ceux qui vivent dans les entrailles des autres animaux. Quelques mammifères, comme les chauves-souris et les hérissons, certains oiseaux qu'on appelle nocturnes, craignent la vive lumière du grand jour; mais ils ne voient néanmoins pas durant la nuit : ils sont crépusculaires, et ne se montrent qu'au lever et au coucher du soleil. Leurs couleurs sont tristes, leurs mouvements lents; ils constituent une classe à part. L'absence de la lumière affaiblit d'une manière remarquable tous les animaux supérieurs et blanchit leurs tissus comme ceux des légumes; nous l'avons éprouvé plusieurs fois avec des poules, dont la crête se décolore totalement au bout de quelques jours quand on les tient dans l'obscurité, tandis qu'elle redevient du plus beau rouge en quelques heures si on les expose ensuite au grand jour. Nous sommes persuadé qu'une des plus importantes précautions à prendre dans l'éducation du bétail, c'est de lui donner de la lumière avec abondance; sinon on n'en fait que des êtres faibles, lymphatiques et incapables de résister à l'action de l'air et des maladies. La lumière, qui fait naître toutes les couleurs, paraît donc développer aussi celle du sang, et excercer sur ce fluide l'action vivifiante qu'elle a sur les végétaux.

Quant à l'électricité, nous ignorons son rôle; mais elle doit en avoir un, puisqu'il s'en développe en si grande quantité dans les animaux, que leurs poils s'en chargent souvent, et que certains d'entre eux en émettent assez pour produire de violentes commotions quand on les touche. Du reste, l'approche des orages cause du malaise à tous les animaux, ce qu'on ne peut expliquer qu'en admettant que leur électricité diffère de celle de l'atmosphère.

Après être sortis d'un œuf, les animaux se développent plus ou moins rapidement, en passant par une série de transformations plus ou moins marquées qu'on appelle *âges* ou *métamorphoses*. Chez les gros animaux domestiques, les âges sont peu marqués: on appelle le premier enfance; le second puberté: c'est celui où ils peuvent se reproduire; le troisième, l'âge mûr, est celui où leur corps a acquis tout son développement; ensuite vient le quatrième âge, ou période de décrépitude. Le passage de l'enfance à la puberté est marqué par le changement des dents et des poils, par la poussée des cornes et le developpement des organes sexuels: le marcassin quitte alors sa jolie livrée à bandes verticales ; le faon du chevreuil dépose ses vingt-huit taches blanches, et tous les deux revêtent le poil uniforme de leurs parents. Les âges des oiseaux sont en général marqués par des livrées tellement distinctes qu'on en a fait souvent des espèces différentes. Il existe une collection unique sous ce rapport : c'est celle qu'a formée au musée de Strasbourg son habile directeur, M. Schimper. En général, les jeunes oiseaux ont la livrée des mères. Le passage de l'enfance à la puberté est une époque critique pour beaucoup d'animaux, surtout pour les chiens, les chevaux, les dindons et les paons : les premiers sont disposés alors à une fièvre putride connue sous le nom de maladie des chiens ; les seconds, à des engorgements des glandes. Quant aux troisièmes et aux quatrièmes, ils n'ont souvent pas la force de résister à la poussée de leurs barbillons ou de leur aigrette. La puberté arrive d'autant plus vite que l'alimentation est plus abondante : en moyenne, elle a lieu à 6 mois chez le porc ; à 12 ou 18 mois chez les bêtes ovines ; à 18 mois ou 2 ans chez les bêtes bovines, et à 3 ou 4 ans chez le cheval.

C'est chez la plupart des animaux inférieurs que les âges sont tellement marqués qu'on leur a appliqué le nom de métamorphoses, et on a eu raison, car qui pourrait voir dans la chenille un âge du papillon, et deviner l'abeille dans le petit ver blanc qu'elle nourrit avec tant de soin dans une cellule de ses gâteaux ? L'état de chenille ou de larve correspond à l'enfance des animaux supérieurs, celui de chrysalide à la puberté, celui de papillon à la virilité, et bientôt après à la décrépitude. Les vers intestinaux subissent des métamorphoses analogues à celles qu'éprouvent les papillons ; au moins le ver solitaire, qui existe sous forme de ruban mince et d'une immense longueur dans les intestins de beaucoup d'animaux, se rencontre-t-il à l'état de petites boules arrondies dans la chair des porcs atteints de ladrerie, et sous forme de vessies gonflées d'un liquide incolore dans le cerveau des moutons atteints du tournis.

Pendant toute leur vie, les animaux sont sujets à des alternatives d'activité et d'immobilité, auxquelles on a donné le nom de *veille* et de *sommeil*. L'état de veille est caractérisé par l'exercice de toutes les facultés, qui semblent disparaître sous l'influence du sommeil. Le sommeil est l'effet de la fatigue ; il est d'autant plus profond que la lassitude est plus grande. Quelle différence entre le lourd sommeil de l'artisan et celui de l'homme de bureau, qui se réveille au moindre bruit, et souvent ne réussit à fermer ses paupières que pendant quelques courtes heures ! C'est que tout le corps de l'artisan est fatigué, tandis que l'esprit seul de l'homme de lettres travaille, et que, bien loin de se fatiguer, il semble se développer et se mûrir par l'usage. Le sommeil de la plupart des animaux est très-léger ; celui des serpents seulement est aussi prolongé que profond. La température de tous les animaux s'abaisse lorsqu'ils dorment ; aussi se laissent-ils facilement surprendre par le froid pendant leur sommeil ; leur cœur bat moins vite, et toutes leurs fonctions se ralentissent. Sous l'influence du froid, le sommeil se prolonge pendant plusieurs mois chez divers animaux, et spécialement chez les marmottes, qui dorment durant tout l'hiver, qu'elles passent dans un état de léthargie tellement complet qu'on les croirait mortes, car elles sont froides et immobiles comme des cadavres : la respiration, la digestion et la circulation sont arrêtées ; la vie est absolument suspendue. Les marmottes maigrissent cependant durant l'hiver, et leur graisse se brûle lentement en passant à l'état d'acide carbonique et d'eau. La marmotte est l'animal le plus économique, puisqu'elle ne vit qu'au moment où l'herbe est abondante ; la cause de sa léthargie est inconnue.

Les animaux sont formés d'une couche extérieure enveloppant tout le corps et douée des formes les plus variées : c'est la *peau*. La peau, nue dans les vers, les grenouilles, se recouvre chez les autres animaux d'un épiderme dur et épais comme celui de l'éléphant et du rhinocéros, d'écailles comme chez les poissons, de plumes comme chez les oiseaux, de poils comme chez la plupart des mammifères, ou bien encore d'un étui corné comme celui des tortues, ou osseux comme la coquille des escargots et des moules. Les cornes des bœufs et des chèvres, les bois des cerfs sont un produit de la peau ; aussi doit-on regarder la peau comme l'organe essentiellement vivant de tous les animaux. Les animaux inférieurs et les insectes ne sont formés que de peau ; de là vient que tout ce qui blesse la peau compromet la vie ; aussi toutes les affections cutanées sont-elles dangereuses. La peau est d'autant plus fine que ses téguments sont plus épais ou plus abondants; excessivement forte chez le bœuf et le cheval, elle est si mince chez les oiseaux qu'elle se déchire sous l'influence de la moindre traction; sa couleur est alors presque toujours rose, tandis que chez les mammifères elle est en général de la même couleur que le poil qui la recouvre. Les colorations quelquefois si riches de la peau des serpents et des poissons ne sont dues qu'au sang qui circule au-dessous d'elle, puisqu'elles disparaissent avec la vie; la preuve la plus palpable qu'on puisse en donner se trouve dans le caméléon, qui change de couleur à volonté, et dans les barbillons du dindon, qui sont tantôt rouges, tantôt bleus, quoique par eux-mêmes ils soient blancs. La couleur des poils des mammifères est généralement terne; elle varie du noir au blanc, en passant par toutes les teintes imaginables de brun et de gris; les singes seuls présentent quelques teintes nettement vertes. La plupart d'entre eux sont flexibles et élastiques; ceux des antilopes sont cassants, parce qu'ils ne contiennent pas la graisse qui pénètre les poils des autres mammifères, et surtout ceux des moutons. Beaucoup d'animaux ont deux espèces de poils nettement distincts, chez les chèvres surtout. Les poils proprement dits sont gros et forts; l'autre espèce molle et déliée se trouve à la base de la première : elle constitue la laine, qui, peu abondante chez les animaux sauvages, a été tellement développée dans le mouton, qu'elle a totalement déplacé le poil ordinaire ou jarre.

Les plumes et les écailles ne sont que des agglomérations de poils, puisqu'en se soudant sur le cou de certains faisans de la Chine elles produisent de véritables écailles, et que les plumes du casoar à casque se décomposent en donnant des poils.

La corne des bœufs, l'écaille des tortues, sont encore formées par des poils agglomérés dont on peut facilement suivre la trace dans ces diverses substances.

Les poils, les plumes et tous les corps qui leur ressemblent sont des transformations de l'épiderme dans lequel elles prennent naissance, ou qui se forment de la même manière que lui ; c'est de la peau durcie, mortifiée et tellement chargée de matières inorganiques, comme la chaux et l'acide silicique, qu'elle résiste beaucoup à la putréfaction.

Les plumes des oiseaux, les élytres des coléoptères et la coquille des mollusques offrent une série de colorations aussi variée et aussi brillante que possible. Nous avons vu que ces colorations sont dues à une matière colorante qu'on n'est pas encore parvenu à isoler, mais qui pourrait bien être quelque dérivé de l'acide urique, ou bien un état particulier des tissus animaux qui leur permet, comme aux plumes de paon, de présenter toutes les couleurs de l'arc-en-ciel, ainsi que le fait la nacre de perle et l'opale. Les couleurs sont d'autant plus vives qu'elles se sont formées sous un ciel plus chaud ; aussi les oiseaux et les insectes des tropiques sont-ils les plus richement peints. Les oiseaux carnivores font seuls une exception absolue à cette règle générale, car les oiseaux de proie du Brésil et des Indes ont un plumage aussi triste que celui des aigles et des vautours des pays tempérés et froids.

Il existe une connexion intime entre la coloration de la peau et la force des animaux ; plus elle est foncée, plus aussi, toutes choses égales d'ailleurs, leur santé est vigoureuse. Qu'on songe seulement aux moutons, dont les individus noirs ou bruns résistent à tous les changements de température et à la plus mauvaise nourriture, tandis que ceux qui sont blancs sont impressionnés absolument par tout : les pâturages humides leur donnent la pourriture ; ceux qui sont trop secs les affaiblissent ; la grande chaleur les abasourdit ; le froid les engourdit ; toutes les épizooties les atteignent. Ils coûtent beaucoup à nourrir et rapportent peu ; aussi les sages paysans des pays froids et humides ont-ils déjà totalement abandonné les races complètement blanches, pour prendre celles à *tête noire*. En effet, dès que le corps n'est pas totalement blanc, la santé de l'animal ne souffre point ; une seule et unique tache colorée suffit pour garantir tout le corps des déplorables effets produits par l'albinisme total. L'albinisme n'est utile que pour l'engraissement, parce qu'il provoque une faiblesse assez grande pour que le mouvement devienne vite une fatigue et pour que les tissus se gorgent facilement de graisse ; aussi les bêtes blanches sont-elles plus aptes à la graisse que toutes les autres ; elles ne sont donc propres qu'à la boucherie, et on doit les éloigner avec le plus grand soin des troupeaux de multiplication.

La nature offre quelques cas d'albinisme total, qu'il ne faut pas confondre avec l'albinisme des poils seulement, ce qui est facile, parce que, les albinos ayant la peau blanche, elle ne peut prendre aucune autre teinte que celle que lui communique le sang. Le bec et les pattes des merles blancs, les pattes et le museau des souris blanches sont roses, tandis que la gueule de l'ours blanc est noire, que le bec du cygne est jaune et que ses pieds sont noirs, parce que ces deux animaux sont bien portants et nullement soumis à l'albinisme, qui est une véritable maladie. Quelques animaux ne prennent le pelage blanc qu'en hiver ; c'est le cas du renard polaire, du lièvre des Alpes, de la lagopède et de l'hermine. Aucun de ces animaux n'a le museau rose. Le caractère essentiel de l'albinisme est donc la blancheur de toute la couverture épidermique, et non pas celle d'un ou de quelques-uns de ses points.

Chez les poules, celles qui sont blanches sont les seules que l'épilepsie atteigne ; elles échappent rarement à cette maladie, en sorte que l'albinisme débilite jusqu'au système nerveux, ce qui en fait une véritable maladie, d'autant plus dangereuse qu'elle est héréditaire et incurable.

La couleur dominante des animaux domestiques est le brun, puis le noir, et enfin le gris. Les bestiaux noirs sont les plus vigoureux ; on les craint cependant, parce qu'au pâturage ils sont les plus exposés aux atteintes des mouches qui les couvrent d'une façon extraordinaire, sans doute parce qu'elles sont attirées par la force avec laquelle cette couleur absorbe et retient la chaleur solaire. Les excellents chevaux du Jura bernois ont souvent cette robe, de même que les célèbres vaches laitières du canton de Fribourg. Les vaches des petits cantons sont d'un beau gris de chamois; celles des vastes plaines de la Russie, de la Hongrie et des États romains sont d'un gris beaucoup plus clair; dans presque tous les autres pays, elles offrent une couleur brun rouge tellement répandue, que le nom de bêtes rouges y est devenu synonyme de bêtes à cornes.

Les animaux sauvages offrent rarement la teinte blanche. Le cygne et l'ours blanc la présentent d'une manière constante; mais le museau, le bec et les pieds sont colorés, ce qui n'arrive jamais dans les variétés albines du merle, du moineau et de tant d'autres animaux.

La robe des bêtes sauvages offre la même teinte chez tous les individus, tandis qu'elle varie beaucoup sous l'influence de la domesticité, qui produit non seulement des changements de teintes, mais aussi des taches *toujours irrégulières*, et réagit jusque sur le poil et la forme des appendices cutanés. En effet, c'est par des soins convenables qu'on est parvenu à remplacer la jarre du mouton par la laine placée au-dessous d'elle, et c'est l'influence d'une longue domestication qui a produit les laines si différentes de forme et de finesse qu'on trouve dans tous les pays.

Les taches des animaux sauvages sont toujours distribuées d'une façon régulière, à une seule exception près, celle de la hyène tachée du cap de Bonne-Espérance. Tous, excepté l'éléphant, ont les oreilles *droites*, et la domesticité couche et allonge celles des animaux domestiques, d'autant plus qu'ils sont réduits en servitude depuis plus longtemps. Sous ce rapport-là, nous pensons que les espèces orientales des animaux domestiques sont beaucoup plus âgées que celles d'Europe, car tandis que nos chèvres et nos moutons portent encore les oreilles droites, le mouton de Perse, la chèvre d'Angora et celle de la Haute-Égypte les ont pendantes. En d'autres termes, plus la domesticité pèse sur une espèce, plus aussi elle s'éloigne sous tous les rapports de son type sauvage.

La peau est composée de trois couches bien distinctes. La plus interne, qui repose sur les muscles, est aussi la plus épaisse ; elle est contractile. Au-dessus d'elle vient une couche muqueuse plus ou moins colorée, recouverte par l'épiderme et par les appendices cutanés qui sont sécrétés par de petites glandes spéciales. La peau est d'autant plus fine que sa couleur est plus claire ; plus la peau est fine, plus aussi, sauf l'exception de l'albinisme complet, l'animal est propre à l'engraissement, à la lactation et au développement de la laine.

L'épiderme, avec ses appendices cutanés, s'accroît sans cesse et se détache avec le temps en écailles plus ou moins considérables. Quant aux téguments, ils se détachent une ou deux fois par an, comme les poils et les plumes de la plupart des animaux ; ou bien ils sont persistants, comme les cheveux de l'homme, les crins des chevaux et la laine des moutons et des chiens barbets. La *mue* est un temps de crise pour tous les animaux, qu'il faut nourrir alors avec plus de soin que d'habitude, pour les aider à produire l'énorme masse de matière organique qui leur est indispensable à cette époque. Les effets de la mue sont de donner à l'animal tout l'aspect de la jeunesse ; quant aux poils persistants, ils participent seuls à la décadence de l'individu et blanchissent avec l'âge.

La couleur des appendices cutanés est généralement beaucoup plus éclatante, leurs formes sont plus variées et plus élégantes chez les mâles que chez les femelles, surtout dans la classe des oiseaux, ce qui paraît tenir aux fonctions de la génération, puisque les chapons n'ont pas le même plumage que les coqs, et que les poules faisanes prennent le brillant plumage des mâles lorsque leurs ovaires cessent de fonctionner.

La peau ne sert pas seulement à garantir le corps contre l'action de l'air ; elle est aussi le siége d'une sécrétion très-importante de vapeur d'eau, d'acide carbonique accompagné de quelques traces de lactate et chlorure sodique, ammonique et calcique. Son action aide celle des reins et des poumons; aussi, tout ce qui entrave les fonctions de ces organes réagit-il sur celles de la peau; l'inverse est tout aussi vrai. De là l'énorme danger des refroidissements, ainsi que la nécessité de tenir la peau nette et propre. Pour donner une idée nette de l'importance des fonctions de la peau, nous dirons qu'un cheval pesant 412 kil. 50 gr., mangeant par jour 7 kil. 50 gr. de foin, 2 kil. 27 gr. d'avoine et buvant 16 kil. d'eau, rend pendant le même espace de temps 5 kil. d'urine, 14 kil. 25 gr. de crottin, tandis que tout le reste, soit 6 kil. 52 gr., est sécrété par les poumons et la peau.

Une vache pesant 468 kil. 50 gr., mangeant chaque jour 11 kil. de pommes de terre, 1 kil. de regain et buvant 59 kil. d'eau, donne durant le même espace de temps 7 kil. de lait, 7 kil. d'urine, 25 kil. de bouse et 32 kil. de perte produite par les sécrétions cutanée et pulmonaire.

Un lapin enfin, pesant 1 kil., consommant en vingt-quatre heures 118 gr. 42 cent. de carottes fraîches, et absorbant 20 gr. 55 cent. d'oxygène, soit en tout 138 gr. 97 cent., rend, dans le même espace de temps, par les poumons et la peau, 24 gr. d'acide carbonique, 16 centigr. de nitrogène et 18 gr. de vapeur d'eau; avec les déjections, 94 gr. 16 cent. d'eau et 2 gr. 65 cent. de matière solide séchée à 100° C; d'où il suit que la moitié environ des aliments sort du corps par les poumons et la peau.

Les poumons et la peau rejettent donc dans l'air le quart et même la moitié des aliments consommés par les animaux; ces organes ont des fonctions beaucoup moins importantes chez les animaux inférieurs, et surtout chez ceux à sang froid.

Sous la peau se trouve la *chair*, qu'on appelle aussi les *muscles;* elle est formée de faisceaux plus ou moins considérables de fibres allongées et enveloppées par une membrane mince de tissu cellulaire blanc, qui leur sert d'étui et leur donne de la cohésion. En s'unissant les uns aux autres, ces petits faisceaux de fibres forment la masse quelquefois fort considérable des gros muscles, qui s'attachent aux os en perdant leur couleur rouge; et devenant durs, élastiques et demi-transparents, ils ont passé à l'état de tendons, qui sont d'autant plus forts que les parties qu'ils doivent faire mouvoir sont plus considérables. C'est aux muscles qu'est départie la fonction de faire mouvoir le corps, d'en arrondir les formes et de produire la plupart des phénomènes vitaux. Les muscles sont la partie essentiellement vivante du corps. Les muscles contiennent de 75 à 80 p. 100 d'eau; ils sont d'autant plus abondants qu'un animal est plus vigoureux. Avec l'âge ils s'encroûtent plus ou moins fortement de sels calcaires et de parties tendineuses, ce qui fait que la chair des vieux animaux est dure et coriace, tandis que celle des jeunes animaux est molle et presque gélatineuse, comme celle des cochons de lait.

La viande de bœuf est formée de :

Fibre musculaire et vaisseaux	15,80
Tissu cellulaire et colle	1,90
Albumine et fibrine en dissolution	2,20
Lactates alcalins et calcique	1,80
Phosphates alcalins	1,05
Phosphate calcique	0,08
Eau	77,17
	100,00

Les muscles sont formés, comme toutes les autres parties du corps, par le sang, auquel ils retournent quand l'animal est malade ou affamé. Lorsqu'ils disparaissent, ils se changent en albumine ou blanc d'œuf, qu'on trouve dans le sérum du sang. Plus un muscle est irrité par le mouvement ou une autre cause quelconque, plus aussi le sang y afflue, et plus il acquiert de développement. De là vient que le bras droit est toujours plus gros que le gauche, et que les mollets des danseurs acquièrent un développement si prodigieux qu'ils en sont difformes. On a tiré parti de cette découverte pour augmenter le filet des bœufs en frottant la peau placée au-dessus de cette partie avec une pommade irritante contenant de l'extrait de Daphné, de l'ammoniaque, ou bien tout simplement avec une forte brosse de racines : de même aussi, on rappelle la vie avec une pommade excitante dans les jambes des petits chiens, qui les ont fort sujettes au décroît ou atrophie.

Le corps d'un homme pesant 60 kilogr. est formé de :

	Kilogr.
Eau	45,0
Chair et autres tissus	7,6
Os	6,4
Sang desséché	1,0
	60,0

Les os eux-mêmes contiennent 3 kilogr. de phosphate et de carbonate calcique, et 2 kilogr. 9 de gélatine.

Pour qu'un animal se développe, il faut donc qu'une *excitation* conduise le sang dans toutes ses parties; cette excitation, cette impulsion est donnée par le cerveau qui agit d'abord sur le *cœur*, muscle énorme, puissant et creux, qui sert de centre à tout le système circulatoire formé de tubes continus dont les veines apportent au cœur le sang qui a circulé dans toutes les parties du corps, tandis que les artères y projettent au contraire le sang qui revient rouge des poumons, après y avoir absorbé l'oxygène de l'air qui y brûle une foule de substances, entre autres la biline ou principe essentiel de la bile. Les artères sont unies aux veines par une multitude de vaisseaux tellement fins et déliés, qu'ils ont reçu le nom de capillaires; ce sont eux qui teignent la peau en rouge et qu'on distingue comme une couche rosée au-dessous de la peau, lorsque l'on tient les doigts entre l'œil et une lumière vive. C'est dans les capillaires que le sang se tamise en laissant dans chaque organe les éléments nécessaires à sa formation et à ses sécrétions. Ceux de la peau sécrètent de la sueur; ceux des poumons, de l'acide carbonique et de l'eau; ceux des muscles, de la viande; ceux des reins, de l'urine; ceux des testicules, de la semence; ceux des glandes salivaires, de la salive; ceux du foie, de la bile, et ainsi de suite. Le sang artériel s'épaissit donc dans les capillaires, d'où il passe dans les veines, où il reprend sa fluidité primitive, parce qu'il s'y mêle avec les produits solubles des aliments que les capillaires veineux et lymphatiques enlèvent sans cesse à toute la surface des intestins. Le sang veineux traverse le foie, auquel il laisse de la bile et du sucre; puis il revient tout noir au cœur, qui le chasse dans les poumons, où il reprend sa belle couleur vermeille à mesure qu'absorbant l'oxygène de l'air, il perd du carbone, de l'hydrogène et du nitrogène.

Parallèlement aux veines se développe dans tout le corps un autre système de vaisseaux remarquables par leur transparence, le peu d'épaisseur de leurs parois et la nature excessivement aqueuse du liquide qui y circule, et qu'on appelle lymphe quand il est incolore, chyle lorsqu'il est blanc et troublé par la graisse que lui donnent les intestins et qui provient des aliments. Il correspond au sérum du sang, et il est beaucoup moins chargé de substances solides que le sang, puisqu'il contient 18 p. 100 d'eau de plus que lui.

Le *sang* n'est pas autre chose que le corps liquide; on y retrouve tous ses éléments. Formé aux dépens des aliments, il transporte dans toutes les parties du corps la substance nécessaire à la formation et au remplacement de celles de ses parties qui sont usées ou absorbées. Rouge chez les animaux parfaits, le sang est blanc chez beaucoup d'amphibies, jaune vert ou incolore chez les autres animaux inférieurs, quoiqu'il présente cependant aussi la couleur rouge chez plusieurs d'entre eux. Quoique la composition de ce liquide doive varier avec les espèces, les individus et surtout avec l'alimentation, nous allons donner une analyse de celui de l'homme, tiré de la veine brachiale, et faite après sa coagulation :

Caillot :

Fibrine	0,3
Matière colorante avec 6 à 7 p. 100 de fer et de manganèse	0,2
Globuline	12,5

Sérum :

Albumine	7,0
Graisse, sels formés essentiellement de chlorure et phosphate sodiques, chlorure ammonique, sulfate et phosphate calciques, carbonates sodique et magnésique, acides gras volatils, bile, acide urique, urée, acide silicique et sucre.	1,0
Eau	79,0
	100,0

Prenant cette analyse pour terme de comparaison, voici celle du sang de la plupart de nos animaux domestiques, dans laquelle le mot globule correspond à celui de globuline et de matière colorante dans la précédente :

	Cheval.	Bœuf.	Mouton.	Porc.	Chien.	Poule.
Eau	80,5	80,0	82,8	76,9	79,1	79,3
Globules	11,7	12,2	9,2	14,6	12,4	14,5
Albumine	6,8	6,7	6,9	7,3	6,5	4,9
Fibrine	0,2	0,4	0,3	0,4	0,2	0,5
Graisse	0,1	0,2	0,1	0,2	0,2	0,3
Sels	0,7	0,5	0,7	0,6	1,6	0,5
	100,0	100,0	100,0	100,0	100,0	100,0

Le sang de la veine porte, qui amène au foie le produit de la circulation du sang artériel à travers tout le corps, paraît ne contenir que 702 p. 1000 d'eau ; il est donc beaucoup plus riche en parties solides que le sang veineux ordinaire, ce qui vient de son tamisage si prolongé au travers des vaisseaux capillaires.

Les sels contenus dans le sang sont essentiellement formés de chlorures et de phosphates sodiques et potassiques, dont il y a, dans son résidu sec, 4 p. 100 de son poids ; la cendre du sang de bœuf est formée de :

Acide carbonique	2,0 à 8
— silicique	1,0 à 3
— sulfurique	0,5 à 5
— phosphorique	6,0 à 7

Oxydes ferrique et manganique	7,0 à 10
— calcique	2,0 à 5
— magnésique	1,0 à 3
— sodique	12,0 à 27
— potassique	8,0 à 11
Chlorure sodique	36,0 à 51

Un coup d'œil jeté sur la composition des cendres du sang indique que ce fluide doit être fort alcalin, ce qui arrive aussi; c'est à cette réaction qu'il doit de se putréfier avec une déplorable facilité, ce qui cause toutes les maladies dites putrides, et qui sont le départ des épizooties. Le sang est alcalin comme tous les fluides assimilables au corps animal; les autres sont neutres ou même acides, comme le chyme et l'urine.

Quand on abandonne le sang à lui-même, il se coagule, et le caillot, entraînant la matière colorante, se sépare du sérum incolore ou un peu jaunâtre à la surface duquel il s'élève; le sang humain est formé, en moyenne, de 25 de caillot humide pour 75 de sérum. Dans le caillot on trouve, outre les globules et leur matière colorante, aussi la fibrine, la graisse et quelques sels. On en sépare la matière colorante en le lavant à l'eau qui la dissout. Quant à la fibrine, on l'isole en battant le sang au sortir de la veine avec un balai, auquel elle s'attache sous forme de longs filaments blancs qui étaient en suspension dans le sang et qui se réunissent par le battage, comme le beurre par le battage de la crème. Le sang est dans un état d'équilibre instable qui ne peut se soutenir que par l'effet de la violente impulsion que lui donne le cœur; dès qu'elle cesse, ses éléments se séparent, et ceux qui n'y étaient qu'en suspension montent à la surface du liquide ou sérum, qui retient ceux qui se trouvaient en dissolution. Depuis quelques années on recueille avec soin le sang de bœuf pour en séparer le sérum, après qu'il s'est coagulé. Celui-ci, exposé à une douce chaleur, laisse pour résidu l'albumine de sang, que les imprimeurs sur étoffes emploient pour faire certaines couleurs telles que l'outremer. C'est à la rapidité avec laquelle il circule, et aux nombreux appareils de purification au travers desquels il passe, que le sang doit de pouvoir se conserver, car si sa réaction alcaline facilite la dissolution et l'assimilation de ses éléments nutritifs, elle est la cause de sa rapide décomposition. La fibrine contenue dans le sang paraît être l'origine des muscles dont elle affecte toujours la forme quand on l'isole ; aussi existe-t-elle en plus grande proportion dans le sang artériel, où on en trouve 1 à 2 centièmes de plus que dans le sang veineux. Il est possible aussi que l'albumine donne naissance à la chair ; mais nous pensons qu'elle produit plutôt la fibrine du sang. Quand aux globules, il est difficile d'en deviner les fonctions ; il est pourtant probable qu'ils sont destinés à retenir dans le sang le fer et le manganèse qui en favorisent l'oxydation, après s'être oxydés dans les poumons par leur contact avec l'air atmosphérique. Sans cette précaution, le fer aurait bientôt passé dans les déjections, et le sang, privé de son agent de purification, n'aurait plus pu entretenir la vie. Le fait est que plus la vie est active dans un animal, plus aussi son sang contient de globules, et que tout ce qui entrave la respiration rend le sang noirâtre et dérange les phénomènes de la nutrition. La diminution des globules du sang, comme les affections des poumons, a toujours pour suite directe une excessive faiblesse.

Dans les animaux inférieurs, où la circulation est lente et le sang froid, il cesse d'être alcalin ; dans les grenouilles, par exemple, il est neutre, et sa saveur fortement salée indique suffisamment qu'il ne contient que du sel, nécessaire pour tenir la fibrine en dissolution et en empêcher la putréfaction.

Le sang pèse un cinquième ou sixième du poids total du corps des animaux supérieurs, et un peu moins chez leurs femelles, qui sont aussi plus faibles que les mâles ; ce rapport est de :

1 : 19,0 pour le cheval.
1 : 27,0 — le bœuf.
1 : 4,5 — le chien.
1 : 5,0 — le mouton maigre.
1 : 10,0 — les moutons bien en chair.

1 : 30,0 pour les moutons gras.
1 : 21,0 — les vieilles vaches laitières.

Ces chiffres prouvent que le sang est plus abondant chez les bêtes maigres que dans celles qui sont grasses, et chez les animaux de petite taille que dans ceux de grande taille ; ce fait est si vrai que tandis qu'un petit bœuf gras de 400 kilogr. donne 18 kilogr. de sang, un gros bœuf de 800 kilogr. n'en produit que 25 kilogr., ce qui explique leur lourdeur et leur paresse.

Le sang se forme aux dépens de la lymphe, qui lui arrive de toutes les parties du corps, et du chyle, que lui fournissent les intestins ; le chyle d'un oie nourrie avec de l'avoine et des fèves contenait :

Fibrine	0,370
Albumine	3,516
Graisse	3,601
Gélatine, sucre et gomme	0,332
Sels	1,944
Eau	90,237
	100,000

Celui d'un cheval nourri avec de l'avoine était formé de :

Graisse	1,0
Albumine	4,6
Fibrine	0,2
Gélatine, sucre, gomme et traces de matière colorante	0,5
Chlorure et lactate sodiques	0,7
Sels calciques et traces de fer	0,2
Eau	92,8
	100,0

Le chyle formé par des aliments riches en fécule possède une saveur douce. Abandonné à lui-même, il laisse coaguler des flocons blancs de fibrine analogue à celle du sang ; il est alcalin, et généralement très-riche en graisse, à laquelle il doit d'être opalin, et quelquefois même trouble et blanc comme du lait. La chaleur et les acides le coagulent comme le sérum du sang, avec lequel il a la plus étroite parenté; aussi peut-on dire que c'est du sang moins les globules rouges. Quant à la lymphe, c'est du chyle privé de son excès de graisse; celle de l'homme contient :

Fibrine........................	0,524
Albumine......................	0,434
Graisse et essence...............	0,356
Sels..........................	1,560
Eau...........................	97,126
	100,000

On comprend donc que le sang puisse se former aux dépens du chyle et de la lymphe, dans lesquelles les globules se forment sans doute quand ces liquides, après avoir été mêlés au sang, s'y chargent d'oxygène et d'oxyde de fer et de manganèse. En étudiant le développement du poulet dans l'œuf, il est facile d'assister à la métamorphose de la lymphe en sang, car le fluide que l'embryon met en mouvement est d'abord incolore comme de l'eau; ce n'est qu'au bout d'un certain temps qu'il se colore en rose, puis qu'il prend ensuite la teinte rouge qu'il conserve toujours. Si le sang se forme aux dépens du chyle, le chyle, à son tour, vient des aliments, ce que nous prouverons en nous occupant de la digestion. Dans l'analyse de la lymphe, on a compté avec la graisse une essence, soit un corps gras volatil qui y existe en effet, comme aussi dans le sang, auquel il communique l'odeur propre à chaque animal, odeur qu'une addition d'acide sulfurique rend excessivement sensible, sans doute en en mettant en liberté une portion qui était unie aux alcalis.

Le sang est si nécessaire à la vie, qu'on tue les animaux auxquels on l'enlève; ils meurent, lors même qu'on le remplace par un volume égal d'eau, et à la même température; ils meurent encore quand on y substitue le sang d'une espèce différente de la leur. Mais, chose admirable et trop peu connue, ils se remettent quand on introduit dans leurs veines le sang d'un individu de la même espèce. Ce fait, si remarquable, fournit le moyen de conserver à la vie des individus précieux et dont un accident ou la maladie aura appauvri ou gâté le sang. On trouvera dans la transfusion un moyen facile et pratique non seulement pour conserver la vie des individus prêts à succomber, mais aussi d'améliorer la santé de bêtes faibles et souffrantes.

Le cœur est l'organe qui pousse le sang dans tout le corps; d'abord dans les artères, avec une force telle qu'elle fait équilibre à une colonne d'eau de 3 mètres dans le cheval et de 2 mètres dans la brebis; aussi l'ouverture d'une artère entraîne-t-elle une mort presque immédiate. Le sang passe des artères dans les capillaires, revient de là aux veines, où il est poussé avec si peu de force que le sang qui y circule ne fait plus équilibre, chez le cheval, qu'à une colonne d'eau de 30 à 50 centimètres, de 15 centimètres chez le chien, et de 14 seulement chez la brebis.

Le sang veineux et noir revenu de toutes les parties du corps passe dans le foie, où il dépose de la bile, de la graisse et du sucre; puis il arrive au cœur, d'où il est poussé dans les poumons où, en absorbant de l'oxygène, il se change en sang artériel d'un beau rouge qui revient au cœur, d'où il est de nouveau remis en mouvement et transmis aux artères.

La circulation du sang s'effectue avec une rapidité telle qu'il ne faut pas plus de 20 à 25 secondes à celui du cheval pour faire tout le tour du corps. Le mouvement du sang n'est pas continu; il est saccadé et correspond aux dilatations et contractions successives du cœur, dont l'impulsion imprimée au sang et transmise aux artères constitue le phénomène du *pouls*.

Les contractions du cœur, soit le pouls, sont d'autant plus rapides et plus nombreuses que les animaux sont plus petits et plus jeunes. Le pouls bat plus vite le matin que le soir, après les repas qu'avant, et sur les hauteurs que dans les plaines; il est donc en rapport direct avec l'activité vitale, ainsi qu'avec la pression atmosphérique, au moins chez les animaux à sang chaud; cela est si vrai que tout effort, que tout mouvement augmente la vitesse du pouls. Le cœur bat par minute 20 à 24 fois chez les poissons, 60 chez la grenouille, 95 chez le chien, 110 chez le chat, 120 chez le lapin, 84 chez la chèvre, 70 à 80 chez les moutons, 65 chez les poulains mâles entiers, 56 chez les jeunes chevaux de race, 40 chez les vieux chevaux de race, 36 chez les chevaux ordinaires et 30 chez les mêmes lorsqu'ils sont vieux, 50 à 60 chez les vaches, 65 chez les veaux, 45 chez les bœufs et les taureaux, 50 à 56 chez les ânes de trois à quatre ans, 136 chez les pigeons et 140 chez les poules.

Le sang une fois formé se débarrasse de ses parties nutritives qui se répartissent dans tout le corps, puis de ses parties inutiles ou dangereuses par les différentes glandes appelées glandes salivaires, pancréatiques, foie et reins, qui sécrètent la salive, le fluide pancréatique, la bile et l'urine; enfin il arrive au poumon, qui lui enlève, en le brûlant, la totalité de la bile sécrétée par le foie et enlevée aux intestins, puis aussi une foule d'autres matières organiques. C'est par le poumon que la plus grande partie des matières inutiles au sang est éliminée par le phénomène de la *respiration,* qui est lié à celui de la circulation de la façon la plus étroite et la plus admirable. La respiration est d'autant plus active que le sang des animaux est plus chaud; aussi devient-elle imperceptible dans les animaux à sang froid, et peut-on l'envisager chez ces êtres imparfaits comme une fonction de peu d'importance; cela est si vrai qu'on peut garder assez longtemps des grenouilles, des vers, des insectes dans l'huile avant qu'ils meurent, tandis qu'un oiseau ne tarde pas à étouffer lorsqu'on l'enferme sous une cloche; c'est donc dans le poumon qu'il faut chercher la source de la chaleur animale.

La respiration s'effectue par toute la surface du corps; de là vient le danger des brûlures un peu étendues, ainsi que celui des refroidissements qui, en contractant les pores de la peau, l'empêchent de remplir ses fonctions sécrétoires. Chez les animaux inférieurs à peau nue, tels que les grenouilles, c'est même par la peau que s'effectue la plus grande partie de la respiration ; aussi peut-on leur enlever les poumons sans les faire mourir immédiatement.

Les excrétions cutanées peuvent s'élever, en vingt-quatre heures, à 820 grammes pour le mouton, à 6 ou 7 kilogr. 1/2 pour le bœuf, et 9 à 11 kilogr. pour le cheval ; elles sont formées d'acide carbonique, de vapeur d'eau, et d'eau plus ou moins chargée de sels qui communiquent à la sueur son goût salé et frais.

La plupart des animaux présentent des organes spéciaux qui sont affectés à la respiration : ce sont, pour les animaux supérieurs, les poumons, pour les poissons les branchies, et pour les insectes des trachées ou petits canaux qui aboutissent à de grosses cellules, qui se ramifient dans l'intérieur du corps. Quant aux branchies, ce sont des lames frangées et superposées, au travers desquelles l'eau passe, en cédant tout son oxygène au sang qui y circule avec abondance. Les poissons, qui restent quelquefois hors de l'eau, comme plusieurs de ceux qui habitent le Nil et le Gange, et qui peuvent passer plusieurs heures entre les feuilles des arbres sur lesquels ils grimpent en appuyant leurs nageoires contre et entre les aspérités de l'écorce, possèdent des poumons outre leurs branchies, en sorte qu'ils peuvent à volonté respirer dans l'air ou dans l'eau.

Les poumons se dilatent pour recevoir l'air, puis ils se contractent pour l'expulser avec les produits d'oxydation auxquels son oxygène a donné naissance en entrant en contact avec le sang. Le nombre des aspirations est de 18 par minute pour l'homme, 16 pour le cheval, 24 pour la chèvre et le mouton, 46 enfin pour le porc, dont la force vitale est excessivement intense.

Dans l'acte de la respiration, les poumons absorbent 117 parties d'oxigène, qu'ils remplacent par 100 parties d'acide carbonique, et une proportion variable de vapeur d'eau et de nitrogène. La quantité de vapeur d'eau dégagée par les poumons est d'autant plus grande que la température de l'animal est plus élevée; pendant le sommeil hibernal de la marmotte où sa température devient semblable à celle de l'air ambiant, il ne s'en dégage plus que de l'acide carbonique ; toute l'eau formée reste dans le corps, d'où l'animal l'expulse chaque fois qu'il se réveille. L'oxygène absorbé brûle les substances organiques en les faisant passer à l'état d'acide carbonique, de vapeur d'eau et de nitrogène, qui se dégagent par les poumons, ainsi que par toute la surface du corps. Un homme de vingt-huit ans, pesant 82 kil., expire en une heure 373 mill. d'acide carbonique par la peau et 11 gr. 367 milligr. par les poumons. L'homme expire plus d'acide carbonique que la femme; la quantité d'acide augmente constamment dans les produits de la respiration jusqu'à trente ans, où elle commence à diminuer de plus en plus à mesure que les phénomènes vitaux s'affaiblissent sous l'influence des années. Comme la respiration a pour but de produire de la chaleur, elle se ralentit pendant l'été, et s'accélère tellement sous l'influence du froid, qu'elle est à 0° C. deux fois plus active qu'à 30° C. Si les choses ne se passaient point de cette manière, il en résulterait une production de chaleur assez grande pour tuer l'animal, dont la température, grâce à ce sage arrangement, est constante, quelle que soit celle du milieu dans lequel il séjourne. Pour avoir une idée de ce qui arriverait dans le cas où les animaux ne pourraient régler leur température d'après celle de l'air ambiant, on n'a qu'à considérer ce qui arrive aux animaux surmenés ou chassés pendant longtemps, et qui, forcés à courir, ce qui accélère leur respiration, sont soumis à une double et puissante cause de production de chaleur; le mouvement des muscles et l'accélération de la respiration finissent par altérer le sang, qui est noir, souvent extravasé dans les chairs, dont il provoque la décomposition d'une manière telle, qu'un chevreuil surmené sent mauvais peu d'heures après avoir été tué. Cet exemple suffit pour prouver combien il est important de ne pas échauffer les animaux par une course trop longtemps continuée, à laquelle bien peu d'entre eux peuvent résister longtemps.

Le volume de l'air expiré varie avec la capacité des poumons, à ce point que tandis que les hommes grands et forts rejettent dans l'air, à chaque expiration, 550 à 660 centimètres cubes de gaz, ceux de petite taille ne lui en rendent que 330 à 380. Comme nous savons d'ailleurs quelle est la composition de l'air inspiré et celle de l'air expiré, il est facile de calculer qu'un homme adulte aurait besoin, pour sa respiration en vingt-quatre heures, de 550 litres d'oxygène, soit de 2750 litres d'air, s'il pouvait en absorber tout l'oxygène; mais il n'en est rien, et dès que l'oxygène descend dans l'atmosphère un peu au-dessous de la proportion normale, la respiration devient pénible. Comme d'ailleurs l'air se raréfie beaucoup à mesure que la température s'élève, il s'ensuit qu'il faut par heure à chaque homme adulte 6 mètres cubes d'air froid, et jusqu'à 10 d'air chaud.

Un homme brûle en vingt-quatre heures 250 gr. de carbone, un cheval 2,500 gr., un lapin 25 gr., et un pigeon 7 gr. durant le même espace de temps, ce qui prouve que la combustion est beaucoup plus active chez les animaux de petite taille que chez les grands. Afin de donner une idée du rapport qu'il y a entre le volume et le poids de l'acide carbonique produit par la respiration de quelques-uns des animaux domestiques, nous dirons qu'en une heure :

	ACIDE CARBONIQUE.	
	En litres.	En grammes.
Un taureau donne............	271,10	536,77
Un bélier de 8 mois..........	55,25	109,35
Une chèvre de 8 ans..........	21,45	42,55
Un chevreau de 5 mois........	11,60	22,96

La température des animaux à sang chaud varie sensiblement à mesure qu'on la prend dans une partie plus éloignée du cœur et plus exposée, par conséquent, au refroidissement ; c'est ainsi que le sang humain, possédant une chaleur de 39° C., on ne trouve plus que 37° C. dans la bouche, 36° C. à l'aisselle, 35° C. à l'aine, 34° C. à la cuisse, et 32 °C. enfin à la plante du pied. Le sang artériel est de 1° C. plus chaud que le sang veineux, qu'on s'étonnerait de ne pas voir refroidi davantage après qu'il a parcouru tout le corps, si on ne tenait pas compte de l'excessive rapidité avec laquelle il circule. Tout ce qui diminue la force vitale abaisse la température animale ; la paralysie diminue la chaleur du membre qu'elle affecte de 10 et même 12° C. ; la faim la diminue graduellement, jusqu'à ce que la mort arrive ; pendant le sommeil, la température s'abaisse de 1° C. ; elle descend de 10 à 15° C. sous l'influence de la cyanose et du choléra. Tout ce qui augmente la force vitale élève la température du corps ; elle s'élève de 3° C. dans les paroxysmes de fièvre, de 1 à 2° C. sous l'action de violentes contractions musculaires, et atteint même 3° C. dans les parties enflammées.

Plus le froid est vif, plus aussi l'animal respire rapidement ; par conséquent plus aussi il absorbe de matière combustible pour soutenir sa température. Cette absorption de matière combustible réagissant sur l'estomac, il s'ensuit que l'appétit des animaux exposés au froid devient très-grand, ce qui oblige à les enfermer durant l'hiver dans de chaudes étables, afin d'éviter des pertes considérables sur les aliments.

La nature avait prévu ce cas en couvrant les animaux des pays froids de toisons d'autant plus épaisses que la température à supporter était plus basse ; de là vient que le pelage d'hiver de tous les animaux domestiques est infiniment plus fourni et plus long que celui d'été.

Un fait curieux, c'est qu'on trouve dans les parties les plus chaudes de l'Afrique des singes, les colobes, couverts d'une épaisse fourrure. Cette exception à une loi générale n'est qu'apparente, car les colobes, vivant des feuilles des arbres, ne quittent pas leur couronne, où le froid est intense pendant la nuit, sous l'influence d'une évaporation très-grande.

Au-dessous de la chair se trouve tout un système de vaisseaux plus ou moins compliqués qui constitue le tube intestinal, et qui est formé par la prolongation de la peau dans l'intérieur du corps, qui joue ici le même rôle qu'un doigt de gant retourné ; il affecte même complètement cette forme dans quelques animaux inférieurs dont tout le tube intestinal n'est qu'une cavité avec une seule ouverture par laquelle entrent les aliments et sortent leurs débris, après que leurs parties assimilables ont été absorbées. Chez tous les animaux supérieurs, le tube intestinal traverse le corps et reçoit par en haut les aliments dont les débris sortent par en bas ; on appelle bouche leur point d'entrée et anus celui de leur sortie. L'intestin est d'autant plus long qu'il appartient à un animal dont la nourriture est plus difficile à digérer et dont les dents sont moins développées ; sa longueur comparée à celle du corps pris pour unité est :

: : 5 : 1 dans le chien,
: : 9 : 1 — l'âne,
: : 10 : 1 — le cheval,
: : 14 : 1 — le porc,
: : 17 : 1 — la chèvre,
: : 20 : 1 — le bœuf,
: : 25 : 1 — le mouton.

L'intestin du cheval est donc une fois plus court que celui du bœuf, ce qui vient de ce qu'il divise beaucoup mieux l'herbe qui lui sert de nourriture que le bœuf, qui n'a des incisives qu'à la mâchoire inférieure. Si le tube intestinal du mouton est d'un quart plus long que celui du bœuf, cela tient à la nourriture sèche et dure que lui offrent les montagnes brûlées pour lesquelles il a été créé. Enfin, quoique le porc ait le système dentaire aussi complet que celui du chien, ses intestins sont cependant environ trois fois plus longs, parce qu'il se nourrit d'herbes et de racines, tandis qu'à l'état sauvage le chien ne vit que de viande.

Le tube intestinal est d'autant plus compliqué qu'il reçoit des aliments plus difficiles à digérer : chez les carnivores, il ne présente qu'un seul renflement à sa partie supérieure, l'estomac, tandis qu'il y en a quatre chez les ruminants, dont l'un, la panse, sert de réservoir aux aliments après la première mastication, jusqu'au moment où, ayant passé dans deux autres poches, ils remontent dans la bouche pour y être mâchés une seconde fois et redescendre dans le quatrième estomac, où leur digestion s'effectue. Dans le veau, le quatrième estomac ou caillette fonctionne seul, aussi longtemps que l'allaitement dure ; ce n'est qu'au moment où le jeune animal commence à manger de l'herbe que les trois autres s'ouvrent et se développent. L'estomac n'est point une glande spéciale ; c'est tout simplement une des nombreuses poches qui garnissent tout le tube intestinal et qui est plus grande que les autres. Ses parois sont aussi généralement plus fortes, plus musculeuses ; mais dans certains animaux il n'existe pas d'estomac spécial, ce qui prouve bien que la digestion peut s'effectuer dans toute la longueur du tube intestinal, dont l'estomac n'est donc qu'un appendice de circonstance et non point indispensable à la digestion.

Tous les animaux domestiques directement utiles prennent leur nourriture avec la bouche, dont la forme varie avec l'espèce. Le bec pointu des poules leur permet de saisir jusqu'au plus petit grain, jusqu'au vermisseau le plus délié, tandis qu'à l'aide de ses robustes mandibules le dindon brise les racines les plus grosses. Le bec plat et dentelé du canard lui sert à retenir les vers et les plantes molles dont il se nourrit ; l'oie, qui se nourrit d'herbes terrestres en général dures, a le bec denté aussi, mais haut, et beaucoup plus robuste que celui des canards. Le cheval, qui se nourrit des longues herbes des plaines humides, a la bouche complètement garnie de dents incisives tranchantes, tandis que le bœuf, qui l'accompagne dans les mêmes localités et qui n'a d'incisives qu'à la mâchoire inférieure, saisit les herbes d'abord avec la langue qui les arrache, après quoi il les avale presque sans les mâcher et ne les mâche qu'après qu'elles se sont suffisamment ramollies dans sa vaste panse. Les moutons et les chèvres, destinés à vivre de l'herbe courte des montagnes arides où ils ont pris naissance, coupent l'herbe tellement près du sol qu'ils la rasent, ce qui vient de ce que leurs dents incisives, excessivement tranchantes, ont l'émail proéminent et buttent contre la gencive dure de la mâchoire supérieure, de manière à ce qu'aucun brin d'herbe ne leur échappe et à ce qu'elles le coupent aussi facilement qu'un ciseau d'acier ; les moutons ne profitent pas des herbes molles ; leurs dents ne peuvent saisir et broyer que des corps durs et résistants ;

de là vient que les bêtes ovines se gâtent la digestion lorsqu'on les conduit dans des pâturages succulents, et cherchent de tous côtés quelque chose à ronger, même de la paille et du bois.

Les dents des herbivores agissant sans cesse sur des corps durs qui les usent beaucoup seraient bientôt rasées, si elles ne s'accroissaient sans cesse. Les dents sont formées de la matière dentaire proprement dite analogue aux os et que recouvre un émail blanc de la plus grande dureté. Les dents humaines sont formées de :

	Matière dentaire.	Email.
Tissu cellulaire	28,0	0,5
Phosphate et fluorure calciques	64,3	88,5
Carbonate —	5,3	8,0
Phosphate magnésique	1,0	1,5
Alcalis	1,4	1,5
	100,0	100,0

La denture du porc est aussi parfaite que celle du chien ; elle lui était nécessaire pour saisir, diviser et broyer les herbes et surtout les racines dures et coriaces dont il fait sa principale nourriture. Quant au lapin, ses énormes incisives indiquent assez qu'il est un habitant des régions sèches et qu'il est destiné à recevoir une nourriture dure et ligneuse ; lorsqu'on lui donne des herbes molles, il les jette de côté dans sa bouche et les écrase directement sous ses dents molaires sans les toucher avec les incisives. Les marmottes en font tout autant et craignent encore plus que les lapins une nourriture aqueuse.

Une fois les aliments arrivés dans la bouche, ils y sont arrosés de la salive qui provient des diverses glandes qui s'ouvrent dans la bouche, et dont les plus considérables, placées un peu au-dessous de l'oreille, sont appelées parotides.

La salive contient 98 à 99 p. 100 d'eau ; les matières solides qu'elle tient en suspension et en dissolution sont du carbonate calcique, du chlorure et du carbonate sodiques, et une matière organique qui agit comme un ferment très-actif sur la fécule qu'elle change en sucre au bout de peu d'instants. La réaction de la salive est toujours alcaline quand elle est pure ; sa saveur est fade comme son odeur. Quand la salive sent mauvais, cela provient d'une altération profonde qui la charge de carbonate calcique, qu'elle dépose sous forme de tuf sur les dents. D'autres fois la salive devient acide et corrosive au point d'attaquer et de carier les dents, même celles qui sont artificielles, ce qui prouve bien que c'est à la salive seule, et non pas à l'état de la dent, qu'on doit en attribuer la carie. La quantité de salive que reçoit la bouche est considérable : un cheval en sécrète 1,705 grammes en vingt-quatre heures, uniquement par les parotides. Les fonctions de la salive ne sont pas uniquement chimiques, mais aussi mécaniques, parce qu'étant visqueuse, elle facilite la descente des aliments dans l'estomac.

Quand les aliments arrivent dans l'estomac, ils en excitent les parois, desquelles suinte bientôt en abondance un liquide acide et salé appelé suc gastrique, doué à un degré extraordinaire de la faculté de dissoudre les substances alimentaires. Celui de mouton est formé de :

Eau	98,6147
Ferment	0,4055
Chloride hydrique	0,1234
Chlorure potassique	0,1518
— sodique	0,4369
— calcique	0,0144
— ammonique	0,0473
Phosphate calcique	0,1182
— magnésique	0,0577
— ferrique	0,0331
	100,0000

Le suc gastrique ne contient guère que 1 1/2 de matières différentes de l'eau, et qui ne sont, outre son ferment spécial, que du chloride hydrique et des chlorures formés par l'action de cet acide sur les cendres des aliments. Cette proportion relativement énorme de chloride hydrique ne peut venir des aliments dans lesquels il n'existe pas; il faut donc que le chlorure sodique se décompose dans le corps animal, aux parties solides duquel il cède de la soude, tandis que son chloride hydrique est expulsé par l'estomac après y avoir servi à la dissolution des aliments.

Dès que la solution acide des aliments passe dans les vaisseaux veineux et chylifères qui rampent partout dans les parois des intestins, elle y entre en contact avec des liquides alcalins où le chloride hydrique se sature de soude ou de potasse, ce qui lui permet d'être éliminé par les reins sous forme de chlorure potassique ou sodique. Il s'ensuit donc de ces faits que le chlorure sodique des aliments se décompose en ses éléments au commencement de la digestion, qu'il reprend sa forme primitive quand elle est terminée et qu'il va sortir du corps; de là vient que cette réaction est restée pendant si longtemps ignorée. Il faut attribuer la décomposition du sel dans l'estomac à une action de contact analogue à celle qui donne aux toiles la force de décomposer le sulfate aluminique dont elles retiennent l'oxyde aluminique avec énergie, en mettant en liberté une quantité correspondante d'acide sulfurique, ou bien à l'intervention d'un acide organique.

Au sortir de l'estomac, les aliments réduits en une pâte acide reçoivent deux liquides épais et alcalins venant du pancréas et du foie.

Le suc pancréatique est un liquide qui a les plus grands rapports avec la salive. Il est incolore, visqueux et en général fortement alcalin; il diffère de la salive en ce qu'il est riche en albumine. Ce liquide paraît n'avoir que des fonctions émollientes, puisqu'on peut enlever le pancréas sans produire d'autre incommodité que de la gêne dans la défécation; il en est tout autrement de la bile.

La bile est sécrétée par le foie, glande énorme placée à droite dans le bas-ventre, et vers laquelle se dirige tout le sang venu dans les veines, des intestins et des autres parties du corps, qui semble s'y purifier avant de retourner au cœur. Ce qui est positif, c'est que la sécrétion de la bile est d'autant plus abondante que les repas sont plus riches, et que, très-active après les repas, elle devient presque nulle quand l'estomac est vide. La bile est évidemment formée, non point aux dépens du corps et du sang, mais bien des aliments; aussi sa constitution est-elle fort complexe, bien qu'en général elle contienne essentiellement les acides glycocholique et taurocholique, à peine connus à cause de la rapidité avec laquelle ils se transforment en une série de nouveaux corps dont le plus remarquable est l'acide cholique $C^{48} H^{40} O^{10}$ doué tout à la fois des caractères des graisses et des résines, qui pourraient bien ne se former en même temps que de l'urée ou de l'acide urique, qui paraissent exister tout formés dans le sang.

Les acides glycocholique et taurocholique sont toujours unis, dans la bile fraîche, à la soude, qui leur donne une réaction fortement alcaline, parce qu'ils sont des acides très-faibles; c'est à leur mélange qu'on applique le nom de biline, que nous emploierons désormais.

La bile de bœuf est formée de :

Biline et graisse	8,00
Mucus	0,30
Lactate et chlorure sodiques	0,74
Oxyde sodique	0,41
Sels sodiques et calciques	0,11
Eau	90,44
	100,00

Ses fonctions sont très-importantes, ainsi que l'énorme volume du foie l'indique à l'avance; en effet, le poids de cet organe pris pour unité est à celui du corps :

: : 1 : 50 dans le mouton,
: : 1 : 60 — l'oie,
: : 1 : 35 — le corbeau,
: : 1 : 30 — le chien.

Ces chiffres indiquent que le foie des carnivores est environ deux fois plus gros que celui des herbivores, ce qui devait être si cet organe n'est, ainsi que nous allons le prouver, pas autre chose que le réservoir des parties assimilables des aliments. En effet, comme les carnivores sont gloutons et que leurs repas sont souvent assez éloignés, parce que leurs aliments sont très-nutritifs, leur foie devait avoir une capacité suffisante pour en retenir toute les parties assimilables jusqu'au moment où l'organisme pourrait les absorber. Or, comme les parties assimilables sont formées d'albumine, de graisse et de sucre, nous devons les trouver dans le foie; voici la composition du foie de bœuf:

Débris de vaisseaux...........	18,94
Albumine et sucre............	25,56
Eau........................	55,50
	100,00

Le foie retient donc beaucoup d'albumine et de sucre; les corps gras ou résineux passent dans la bile; que peut-on demander de plus concluant pour admettre que le foie est le réservoir dans lequel se conservent les substances nécessaires à l'entretien de la vie? Nous trouvons la confirmation de cette vérité dans l'examen du foie des animaux gloutons, chez lesquels il est énorme, comme dans le canard et la lotte. Nous la trouvons aussi dans les fréquentes maladies du foie auxquelles sont exposés les gros mangeurs et les habitants des pays chauds qui ne savent pas proportionner leur appétit au peu de besoins de leur organisme, et chez lesquels le foie, distendu par les énormes approvisionnements qu'il reçoit, finit par refuser ses services, et charge le sang de matières assimilables qui s'altèrent, parce qu'il ne peut plus s'en débarrasser. Alors surviennent les fièvres putrides et atoniques, les engorgements des poumons, la suffocation et la mort. Le foie ne se charge donc pas en partie des fonctions du poumon, puisqu'au contraire c'est lui qui l'alimente; l'inverse est donc le plus vrai.

La bile contient 95 à 96 p. 100 d'eau; elle est sécrétée par le foie en très-grande quantité, puisque:

	Grammes.
1 kil. de chien en donne chaque heure.....	0,850
1 — de mouton — —	0,310
1 — d'oie — —	0,487
1 — de corbeau — —	2,463

La bile descend dans l'intestin où elle s'unit avec les aliments dont elle sature l'acide, après quoi elle est absorbée de nouveau en presque totalité, et repasse dans le sang pour aller sans doute se brûler dans le poumon avec les autres corps gras et féculents. La bile est un puissant antiputride; aussi la digestion se dérange-t-elle quand la sécrétion de la bile est entravée; les aliments se putréfient dans le tube intestinal; des vents se forment, et les déjections prennent une odeur aigre et infecte; tous ces fâcheux phénomènes sont dus à ce que sous l'influence de la chaleur du corps les aliments fermentent en produisant de l'acide lactique, qui se décompose à son tour et se change en acide acétique qui accompagne souvent les déjections en très-grande quantité. La bile sert donc à neutraliser l'acide du fluide gastrique, à empêcher la putréfaction du bol alimentaire, et enfin à entretenir la respiration. La réaction alcaline de la bile est tellement indispensable à la digestion intestinale, que, dans le cas où elle s'effectue mal, il suffit d'avaler un peu de craie ou de bicarbonate sodique pour la rétablir bien vite; c'est même le seul remède capable d'arrêter la fatale diarrhée des veaux, qui enlève tant de ces animaux pendant leur allaitement.

Les *reins* sont deux grosses glandes analogues au foie, en ce que le sang veineux vient y déposer, outre la plus grande partie de son eau, aussi la plupart de ses sels solubles et quelques autres substances dont la réunion constitue l'urine. L'urine des animaux qui ont une vessie est liquide, tandis que celle des animaux qui n'ont qu'une poche commune à l'urine et aux déjections solides est solide et blanche comme de la craie; elle est alors, comme celle des oiseaux et des serpents, essentiellement formée de biurate ammonique. L'urine des animaux à vessie varie beaucoup avec la nature de leurs aliments. Ainsi celle des carnivores est fortement acide, tandis que celle des herbivores est neutre et souvent alcaline. La concentration de l'urine varie beaucoup: celle du matin est la plus riche en parties solides, qui s'y élèvent de 5 à 20 p. 100 de son poids total. L'urine des porcs nourris de pommes de terre est alcaline; elle fait effervescence avec les acides, parce qu'elle contient des bicarbonates; aussi, quand on la chauffe, se trouble-t-elle, parce qu'à mesure qu'il s'en dégage de l'acide carbonique, il s'y forme un abondant précipité de carbonates calcique et magnésique. Elle contient :

Bicarbonate potassique..........	10,74
Sulfate —	1,98
Phosphate sodique..........	1,02
Chlorure —	1,28
Urée........................	4,90
Eau.........................	80,08
	100,00

L'urine des herbivores contient un nouveau principe formé par l'union de l'acide benzoïque, contenu dans le foin et l'avoine, avec l'urée : c'est l'acide hippurique.

L'urine des vaches nourries avec du regain et des pommes de terre est aussi alcaline; elle se trouble lorsqu'on la chauffe et laisse déposer de l'acide hippurique. Elle contient:

Urée........................	1,85
Hippurate potassique...........	1,65
Lactate —	1,70
Bicarbonate —	1,60
Eau.........................	93,20
	100,00

Comme l'urée est très-chargée de nitrogène et qu'elle se retrouve dans l'urine de tous les animaux qui ne donnent pas d'acide urique, il est probable qu'elle se forme, comme ce dernier, aux dépens de la chair des animaux; au moins en voit-on la quantité augmenter lorsqu'on les affame, et qu'ils sont par conséquent obligés de se nourrir aux dépens de leur propre chair. Dans ce cas, l'urine des herbivores devient tellement semblable à celle des carnivores qu'il est impossible de l'en distinguer. La quantité d'urée sécrétée est donc en rapport direct avec la proportion de viande qui se détruit sous l'influence de la vie, dans le cas où elle ne provient pas de celle des aliments qu'ils renferment quelquefois en si forte proportion.

L'urine rendue dans les vingt-quatre heures pèse 9 à 12 kil. pour le cheval, 7 à 9 kil. pour le bœuf et 900 grammes pour le mouton, ce qui donne une idée de l'énorme quantité de liquide qui traverse et purifie chaque jour le corps animal. La proportion d'urine est d'autant plus grande que la transpiration est moins active; les animaux en rendent moins en été qu'en hiver, moins encore lorsqu'on les tient au pâturage que lorsqu'on les enferme à l'étable. Il sort presque autant d'eau par la peau et les poumons des animaux que par leurs reins, puisqu'en vingt-quatre heures un cheval en expire 9 à 11 kil., un bœuf 6 à 7 kil. 1/2 et un mouton 820 grammes quand on les tient à l'étable, tandis que, lorsqu'ils prennent du mouvement, l'exhalation cutanée devient de plus en plus active et arrive à employer la moitié plus d'eau que les reins.

Les aliments, après avoir traversé tout le tube intestinal auquel ils cèdent leurs parties solubles, arrivent à l'anus et sont rejetés au dehors; ils ne sont plus bons qu'à fabriquer des engrais. Les déjections sont essentiellement formées de ligneux, de mucus intestinal, de sels calciques, magnésiques et alcalins, puis de matières colorantes, grasses et résineuses; aussi présentent-elles souvent la couleur des aliments. La bouse des vaches et le crottin des moutons sont toujours verts, parce qu'on les nourrit d'herbe. Le crottin des chevaux nourris d'avoine et de paille est jaune, tandis que les déjections des merles sont violettes quand ils mangent des cerises noires, et celles des marmottes du plus bel orange quand on les alimente avec des carottes jaunes.

Les déjections fraîches des porcs et des vaches contiennent 77 p. 100 d'eau et 23 p. 100 de parties solides contenant 8 de cendres ; celles des moutons et des chevaux ne renferment que 68 à 70 parties d'eau et 30 à 32 de parties solides, dans lesquelles on trouve 4 de cendres. La composition des cendres dépend naturellement de celle des aliments, ainsi que le prouve leur analyse que voici :

	EXCREMENTS DE			
	Porc.	Vache.	Mouton.	Cheval.
Acide silicique et sable...	77	63	52	64
— phosphorique		5	7	9
— sulfurique	1	2	3	2
Chlorure sodique	1	»	»	»
Phosphate ferrique	10	9	4	3
Oxyde calcique	2	6	18	5
— magnésique.......	2	11	5	4
— potassique........	4	3	8	11
— sodique	3	1	3	2
	100	100	100	100

Il résulte une fois de plus de ces analyses que l'organisme repousse l'acide silicique, la magnésie et la potasse, tandis qu'il garde presque toute la soude et la plus grande partie de la chaux des aliments. Ces analyses sont encore intéressantes parce qu'elles font voir qu'une très-grande partie de l'acide phosphorique des aliments est rejetée, en sorte qu'il est difficile d'admettre que ce corps joue dans l'organisme, où il se trouve d'ailleurs en si petite quantité, un rôle aussi important que celui qu'on lui assigne depuis quelques années.

Le tube intestinal, avec ses annexes, est uni à la chair qui est attachée aux os. Les os sont des organes essentiellement minéraux, et dans lesquels la vie est assez peu développée pour qu'ils ne deviennent sensibles que dans des cas exceptionnels : ainsi lorsqu'ils sont en proie à la carie ou à l'inflammation. Ils sont cependant parcourus par une grande quantité de vaisseaux sanguins qui en accroissent sans cesse le volume, ce qui permet aux os brisés de se réunir, parce qu'entre les parties séparées il se dépose une nouvelle portion de matière osseuse. Les os des bœufs sont formés de :

Cartilages et vaisseaux............	33,30
Phosphate calcique..............	55,45
Carbonate —	3,85
Fluorure —	2,90
Phosphate magnésique...........	2,05
Oxyde sodique..................	2,45
	100,00

La composition des os varie non seulement avec chaque espèce animale, mais avec chacun de ses os, et aussi avec sa nourriture. Voici la composition du fémur :

	d'homme.	de mouton.	de bœuf.
Phosphate calcique	60,13	62,70	58,30
— magnésique...	1,23	1,59	2,09
Carbonate calcique.......	6,36	7	7,07
Fluorure —	1,81	2,17	1,96
Gélatine...	30,47	26,54	30,58
	100,00	100,00	100,00

L'humérus d'un autre bœuf contenait :

Phosphate calcique..............	61,4
— magnésique...........	1,7
Carbonate calcique..............	8,6
Gélatine......................	28,3
	100,0

Ces exemples suffiraient déjà pour prouver combien la composition des os varie, et pour établir qu'il n'y a pas de rapports constants entre leurs diverses parties constituantes ; mais pour emporter la conviction, nous nous bornerons à donner l'analyse du têt de la langouste, qui est formé ainsi qu'il suit :

Phosphate calcique	6,7
Carbonate	49,0
Gélatine.....................	44,3
	100,0

Nous rappellerons que la coquille des divers mollusques, que le squelette des madrépores et la coquille des œufs ne sont formés, à peu de chose près, que de carbonate calcique; donc les os de tous les animaux pourraient n'être formés que de carbonate calcique, et si c'est le phosphate calcique qui en constitue la majeure partie, cela vient uniquement de ce que ce sel est plus soluble dans le sang que le carbonate calcique.

Les os sont d'autant plus pauvres en substance organique qu'ils sont plus âgés : aussi deviennent-ils de plus en plus durs; mous et cartilagineux dans les jeunes animaux, ils deviennent presque aussi solides et aussi résistants que des pierres chez les adultes. Les cendres des cartilages sont formées essentiellement de carbonate sodique et de phosphate calcique, ce qui indique assez combien ils sont vivants. Ils sont le point de départ des os, qu'ils forment à mesure qu'ils s'incrustent des sels calciques que leur apporte le sang, et qui s'y déposent en quantité beaucoup plus grande dans les os compacts, où on en trouve 69 p. 100, que dans les os spongieux, où il n'y en a souvent que 60 p. 100. Les sels de chaux sont du carbonate et du phosphate; ils proviennent des aliments, dans les cendres desquelles on les trouve en abondance, et d'où ils passent dans le sang, où on les rencontre en dissolution ou en suspension mécanique.

Les os de certains animaux restent toujours cartilagineux; c'est le cas des esturgeons et des raies.

Les os ne sont nécessaires qu'aux animaux de grande taille; on ne les retrouve pas dans les vers, les mollusques, non plus que dans les insectes et les crustacés. Chez ces derniers, le squelette semble en quelque sorte être extérieur, puisque le corps est couvert par une enveloppe dure, presque aussi chargée de sels de chaux que la coquille des limaçons et des huîtres. La formation du têt des écrevisses est en effet analogue à celle des os des mammifères, puisque, molle au moment où l'animal change de peau, elle se durcit lentement et finit par acquérir la résistance des os mêmes. Comme l'écrevisse ne mange pas durant la mue, on aurait pu croire qu'elle formait le carbonate calcique nécessaire au durcissement de son têt; mais il n'en est rien, puisque l'écrevisse réunit dans son corselet une masse blanche et quelquefois très-considérable de ce sel, qui disparaît totalement pendant que sa peau se durcit, pour se reformer ensuite. Le transport de la chaux au travers de l'organisme est tellement rapide, qu'il ne faut que huit heures à une poule pour fabriquer la coquille de ses œufs.

Le rapport du poids des os à celui de l'animal vivant change avec l'espèce et même quelquefois avec l'individu, ce qui arrive toujours quand il est bien en chair, parce que, durant l'engraissement, la masse des parties molles s'accroît sans que le poids du squelette augmente. Chez les bêtes maigres, on peut admettre que le poids du squelette est à celui de l'animal vivant :

: : 1 : 10 pour le bœuf,
: : 1 : 5 — le mouton,
: : 1 : 10 — les oiseaux d'eau et les lapins,
: : 1 : 8 — les poules.

Le mouton est donc de tous les animaux domestiques celui qui, à poids égal, produit le plus d'os, tandis que le bœuf, le lapin et les oiseaux d'eau en fournissent le moins, et qu'ils produisent par conséquent aussi le plus de viande.

Dans certains cas, et tout spécialement quand les animaux reçoivent une nourriture acide ou capable de s'acidifier dans leur estomac, comme les résidus de distillerie et le malt des brasseries, la chaux de leurs os se dissolvant, ces organes reprennent l'état cartilagineux, et l'animal devient alors incapable de se soutenir debout. On guérit cette maladie, qui a reçu le nom de ramollissement des os, en supprimant les aliments acides et en donnant aux bêtes malades un peu de craie ou d'os calcinés et réduits en poudre qu'on mêle avec du son et du sel.

Dans la plupart des os, et toujours dans ceux qui constituent la colonne vertébrale, on trouve un corps mou, appelé moelle, qui vient du cerveau et se glisse dans toutes les parties du corps, où on le retrouve, sous forme de nerfs, dans des tubes membraneux blancs et assez résistants.

Le cerveau est formé de :

Albumine	8,12
Graisse	5,23
Cendres	6,65
Eau	80,00
	100,00

C'est donc une émulsion analogue au jaune de l'œuf et un liquide nutritif par excellence ; aussi ne doit-on pas s'étonner de l'épuisement que cause la monte chez tous les animaux mâles, épuisement provenant de la perte de la semence, qui paraît n'être autre chose que de la moelle privée de sa graisse par le séjour prolongé dans les glandes appelées testicules.

Le cerveau est l'organe des sensations ; il est beaucoup plus développé chez les animaux intelligents que chez ceux qui ne le sont pas. Son poids est à celui du corps :: 1 : 30 pour l'homme, 1 : 260 pour l'âne, 1 : 300 pour le bœuf et 1 : 400 pour le cheval ; il se réduit à fort peu de chose chez les poissons, ainsi que chez les amphibies, et paraît ne pas exister dans les insectes et les vers. Du cerveau partent les nerfs, qui semblent être les messagers de la pensée et du sentiment ; aussi les organes les plus sensibles, les plus vivants, sont-ils aussi les plus riches en filets nerveux. Le système nerveux paraît être la partie essentielle de tous les êtres vivants ; il ne manque chez aucun d'eux et se développe sans cesse à mesure que l'animal se perfectionne ; c'est donc chez l'homme qu'il présente le plus grand développement. On aurait tort cependant de conclure du volume du cerveau ou de la forme de sa boîte osseuse au développement de toutes les facultés intellectuelles ensemble ou de l'une d'elles spécialement ; le singe, par exemple, avec son énorme cerveau, est beaucoup moins éducable que le chien, tandis que la chèvre est beaucoup plus intelligente que le mouton, quoique le cerveau de ces deux animaux soit de la même grandeur. Sans sortir de l'espèce humaine, quoiqu'en général les hommes doués de moyens éminents aient le cerveau très-développé, on en voit beaucoup qui ne sont rien d'extraordinaires, quoiqu'ils aient une fort grosse tête. Les pauvres idiots, avec leur crâne tellement développé qu'il dépasse souvent leurs chétives épaules, sont là d'ailleurs pour démontrer toute l'absurdité de la théorie qui fait dépendre du volume du cerveau le développement des facultés intellectuelles. Du reste, il n'y a qu'un pas de la science à la folie, et tel qui aujourd'hui étonne le monde par la puissance de son esprit passe demain dans le cabanon de l'insensé, quoique le volume, non plus que la forme de son cerveau, n'aient cependant pas subi la moindre altération. Vouloir mesurer les facultés intellectuelles, c'est attaquer le Créateur dans sa plus belle œuvre et nier le pouvoir de l'éducation; si on pouvait le faire, quel bouleversement n'apporterait-on pas dans la société, et quelle consolation resterait au malheureux privé d'un cerveau suffisamment développé ? Non, non, ces questions-là ne sont pas abordables au téméraire génie de l'homme; elles sont de celles qu'on adore sans chercher à les expliquer.

C'est au système nerveux que se relient les sens, qui ne se trouvent pas également bien développés chez tous les animaux ; un seul leur appartient en commun : c'est le tact, qu'on retrouve même chez les vers et les polypes. Le sens le plus répandu après le tact, c'est l'ouïe, qui est excessivement développée, surtout chez les animaux faibles et qui, comme les rongeurs et les petits ruminants, ne peuvent chercher leur salut que dans la fuite ; c'est pour cette raison que l'oreille externe est tellement grande chez les lapins, les ânes et les souris. L'ouïe manque aux poissons, aux insectes et à tous les animaux inférieurs. La vue est un sens très-répandu ; c'est chez les animaux faibles et chez les oiseaux qu'elle est le plus perçante ; celle des gazelles, des marmottes, des lièvres et des aigles est justement célèbre. Quant au goût et à l'odorat, que tout doit faire prendre pour deux manifestations d'un seul sens, auquel nous laisserons le nom d'odorat, il est l'apanage des animaux supérieurs ; eux seuls flairent et goûtent leurs aliments. Le goût semble être aussi développé chez les ruminants que chez l'homme, puisqu'ils trient leur nourriture avec le plus grand soin ; il en est de même du porc et du chien. Peu sensible chez les oiseaux, le goût semble ne pas exister dans les animaux inférieurs. C'est le chien qui a l'odorat le plus fin ; mais tous les animaux domestiques le possèdent. On peut faire chasser le gibier ou les truffes aux porcs tout aussi bien qu'aux chiens, et très-souvent nous avons vu les chevaux demi-sauvages de la Hongrie flairer la terre et hennir lorsqu'ils retrouvaient la trace des chevaux de la compagnie à laquelle ils appartenaient. Ayant remarqué que les chèvres refusaient le pain sur lequel on pousse l'haleine, nous les avons mises à l'épreuve en engageant leur berger, auquel elles étaient fort attachées, à s'éloigner sans bruit, puis à courir à une certaine distance, derrière un mur, où il ne pouvait être vu, et à grimper là sur un arbre assez élevé. Au bout de quelques instants, l'une des chèvres leva la tête, cherchant des yeux le berger, et bêla ; tout le troupeau en fit autant, puis, le nez en terre, fit quelques tours à droite et à gauche en donnant de grands signes d'inquiétude, et prit sa course sans hésiter dans la direction suivie par le berger, où il se lança au galop et ne s'arrêta qu'au pied de l'arbre où les chèvres avaient retrouvé leur guide ; elles se mirent alors à brouter avec la plus grande tranquillité. L'ouïe est excessivement développée chez la plupart des animaux supérieurs ; on n'en tient pas assez compte dans leur dressage pour lequel on a pris l'habitude de ne faire appel qu'à leur toucher.

CHAPITRE II

Composition.

Les animaux sont formésdes mêmes dérivés protéiques que les plantes ; leur corps est composé de fibrine, à laquelle sont ajoutées des proportions variables d'albumine, de caséine et de gélatine. Les graisses animales sont les mêmes que les graisses végétales ; elles sont en général beaucoup plus fermes. Les gommes manquent et les sucres animaux sont les mêmes que ceux des végétaux, à part le *sucre de lait* $C^{12} H^{12} O^{12}$, qu'on rencontre dans le lait de tous les mammifères, auquel il communique une saveur douce ; c'est de tous les sucres celui qui cristallise le plus facilement, et celui qui possède la saveur la moins sucrée.

Parmi les substances propres aux animaux se range en première ligne, à cause de son énorme diffusion, la *cholestérine* $C^{84} H^{72} O^{3}$, ainsi que le principe spécial de la bile avec lequel on la rencontre généralement associée. On trouve la cholestérine dans la bile, le sang, le cerveau et jusque dans le jaune d'œuf ; c'est elle qui produit les calculs biliaires ; il est probable qu'elle joue le même rôle que les corps gras, avec lesquels elle a une foule de rapports, de même aussi qu'avec les résines.

L'*acide lactique* $C^{6} H^{6} O^{6}$ se rencontre dans la plupart des excrétions animales, telles que la sueur et l'urine ; on le trouve aussi dans les muscles, auxquels il communique une réaction fortement acide, à laquelle ils doivent sans doute la faculté de résister à la putréfaction qui s'en empare dès qu'on les en a dépouillés en les lavant. Il est l'acide commun à tous les animaux, absolument comme l'acide malique est propre à tous les végétaux. Cet acide se développe en très-grande masse toutes les fois que des substances sucrées ou capables de former du sucre fermentent à une température de 30° C ou un peu au-dessus; or, comme ces conditions existent lorsque des aliments végétaux séjournent trop longtemps dans l'estomac, il est clair qu'il se forme beaucoup d'acide lactique dans les mauvaises digestions, dont on arrête les fâcheux effets en saturant avec de la craie ou du bicarbonate sodique l'acide lactique produit. Quand le lait tourne et s'aigrit, c'est qu'il s'y est développé de l'acide lactique qui se forme aux dépens de son sucre avec une rapidité extraordinaire en été, et surtout par des temps orageux, qui facilitent toutes les espèces de putréfaction. Il est probable que l'acide lactique joue dans l'économie animale un rôle bien plus important encore que celui que nous lui avons assigné pour la conservation des parties charnues; il est probable que c'est à lui qu'est départie la formation des muscles, qui pourraient bien naître du sang extravasé des capillaires et coagulé par l'acide lactique, avec lequel il se trouve partout en contact dès qu'il sort des vaisseaux circulatoires.

Dans l'urine on rencontre trois produits qui sont propres aux animaux; le plus répandu chez toutes les classes est l'acide urique $C^{10} H^4 N^4 O^6$, qui forme le dépôt de l'urine humaine et la partie blanche des excréments de tous les animaux à cloaque, c'est-à-dire de tous ceux qui, n'ayant qu'un seul conduit excrétoire pour les déjections solides et liquides, les rendent simultanément, ainsi que le font les oiseaux, les grenouilles, les serpents et la plupart des insectes. Comme ce sont les animaux à cloaque qui présentent les teintes les plus vives et que l'acide urique, en s'oxydant jusqu'à un certain point, produit une série de couleurs dont l'éclat et la variété rappellent celle des colorations des plumes des oiseaux et des élytres des insectes les plus éclatants, il est probable qu'elles sont dues à une transformation de l'acide urique, comme il est certain d'autre part que l'urée qu'on trouve dans la vessie des animaux supérieurs est due à l'oxydation de l'acide urique, puisqu'on l'obtient en oxydant cet acide par l'acide plombique. Il en serait donc de l'acide urique comme de la biline, c'est-à-dire que sécrété d'abord par le sang, dans un but encore inexplicable, il serait ensuite absorbé, brûlé dans les poumons, puis enfin éliminé sous forme d'urée $C^2 H^4 N^2 O^2$, composé qu'on trouve dans l'urine de la plupart des gros animaux domestiques, et qui, en s'unissant à quatre équivalents d'eau, donne naissance à deux équivalents de carbonate ammonique, qui est le principe actif du lizier. Voici la formule de cette réaction : $C^2 H^4 N^2 O^2 + 4HO = 2CO^2, 2NH^4 O$.

L'acide urique se forme aux dépens des aliments nitrogénés brûlés dans le poumon ; il est donc d'autant plus abondant, lui ou l'urée qui en dérive, que les aliments reçus étaient plus riches en substances nitrogénées ; de là vient que tandis que l'acide urique forme la presque totalité des déjections des serpents et des aigles qui se nourrissent exclusivement de viande, on n'en trouve que des traces dans celles des oiseaux de basse-cour et dans l'urine des gros animaux domestiques, qui ne mangent que des grains ou des herbes.

Dans l'urine des herbivores, on trouve aussi *l'acide hippurique* $C^{18} H^9 NO^6$, qui est une combinaison d'acide benzoïque avec du sucre de gélatine ; le premier provient de l'herbe, où on le rencontre en grande quantité, et le second de la décomposition des chairs. C'est dans l'urine des chevaux qu'on trouve le plus de cet acide lorsqu'on leur donne beaucoup d'avoine, parce que l'enveloppe de cette graine est chargée d'une substance aromatique riche en acide benzoïque et qui lui communique ses propriétés excitantes.

Quelques animaux présentent aussi des excrétions spéciales qu'ils emploient généralement à leur défense ; de ce nombre est le venin des guêpes et des abeilles, celui des serpents, des millepieds, des araignées, ainsi que celui de la rage. Le venin sécrété par des animaux bien portants est une véritable sécrétion, tandis que celui de la rage est le produit d'une maladie caractérisée par une véritable et affreuse altération de tout le système nerveux. Le poison sécrété par l'aiguillon des abeilles ou la dent des serpents agit comme un puissant irritant ; aussi les parties atteintes se gonflent-elles presque sur-le-champ, et l'irritation, gagnant quelquefois de proche en proche, atteint le cœur ou les poumons, et produit alors la mort. On en arrête les effets en donnant intérieurement de l'ammoniaque très-étendue d'eau ou bien du bicarbonate sodique, pour empêcher l'inflammation, en nettoyant la plaie et appliquant sur elle une pâte épaisse faite en délayant du sel pilé fin avec un peu d'eau. Cette pâte attire le venin au dehors ; il faut la renouveler de temps en temps, jusqu'à ce que le danger soit passé.

Beaucoup d'animaux dégagent une graisse spéciale des glandes placées dans ou autour de l'anus ; c'est le cas des perdrix, des poules, des marmottes et surtout des furets, des martres, des renards et des hérissons, dont l'odeur musquée provient des glandes anales. Cette graisse peut servir à faciliter la sortie des excréments, comme il est possible que son odeur serve à certaines espèces de moyen de se retrouver ou de s'éviter.

CHAPITRE III

Analyse.

Comme nous avons déjà parlé de l'analyse des produits animaux, quand nous nous sommes occupé de celle des substances végétales, nous ne donnerons ici que le moyen de connaître la composition du lait et de la viande.

Pour analyser le lait, on en pèse une certaine portion qu'on dessèche au bain d'eau, jusqu'à ce que son poids ne change plus; la différence donne le poids de *l'eau* qui y était contenue. On traite le résidu par l'éther qui dissout toute *la graisse,* en laissant la caséine avec le sucre de lait, et les sels qu'on en sépare en lavant le tout avec de l'eau saturée de sel, qui laisse *la caséine* pure.

Quant à la viande, on en dose d'abord l'eau et la graisse par le procédé ci-dessus; le résidu est formé de fibres musculaires plus ou moins mélangées de débris de vaisseaux et de tissu cellulaire qu'on ne peut pas en séparer.

CHAPITRE IV

Amélioration.

Les soins à donner au bétail sont généraux ou spéciaux. Occupons-nous d'abord des premiers, pour n'en indiquer les soins spéciaux qu'en traitant de chaque espèce animale isolément. Comme les animaux demandent d'autant plus de soins qu'ils sont plus développés, nous les prendrons avant leur naissance, et nous les suivrons jusqu'au moment de leur mort.

L'*accouplement* bien entendu est une des sources les plus sûres de prospérité agricole. Avant de procéder à la multiplication du bétail, on doit bien se rendre compte du but que l'on veut atteindre, but qui change avec la nature du terrain et la position topographique du sol exploité. Dans les terres sèches, on élève des moutons et des chevaux; dans celles qui sont humides, des vaches et des porcs; sur les hauteurs, les petites races conviennent, tandis que dans les plaines et les fertiles vallées, on peut élever les grandes variétés des animaux domestiques. Après avoir donc bien choisi l'espèce et la variété la mieux en rapport avec le sol à exploiter, on prend les individus les mieux bâtis, les plus vigoureux, ceux enfin dont les caractères se rapprochent le plus du type idéal de perfection qu'on s'est créé, suivant qu'on a en vue un produit spécial ou qu'on désire les avoir tous, aussi remarquables que possible. Dès qu'une race est faite, l'accouplement n'a plus d'autre but que de la maintenir: mais dans le cas où on doit la créer, il faut se procurer d'abord des sujets doués des qualités qu'on tient à retrouver chez leurs descendants. L'expérience ayant appris que l'influence des mâles est beaucoup plus sensible sur les descendants que celle des femelles, qui ne réagissent guère que sur leur caractère, on a généralement recours aux mâles perfectionnés, quoiqu'on sache bien que l'influence de la femelle est aussi très-grande. Du reste, on peut, dans la plupart des cas, négliger totalement l'influence qu'exerce la mère sur ses descendants, puisqu'elle se borne à nourrir le germe que le mâle a déposé dans son sein, absolument de même que le sol alimente la graine qu'on y a semée; c'est donc du mâle, et de lui seul, que dépend l'individualité du petit. Ce qui, par contre, dépend de la mère, c'est le caractère, parce que le petit le suce avec le lait; aussi doit-on éloigner avec soin de la multiplication les femelles vicieuses, ou bien leur enlever leurs petits immédiatement après la naissance, avant qu'ils aient pu en imiter les défauts. Sous ce rapport-là, on peut reprocher aux éleveurs de ne pas tenir assez compte de l'influence des femelles, auxquelles ils ne demandent généralement que de la vigueur.

La constitution générale dépend beaucoup plus du mâle que de la femelle; aussi faut-il complètement se défaire des mâles trop âgés, parce que leurs descendants sont exposés bien vite à tous les accidents d'une vieillesse prématurée, tandis que de vieilles femelles donnent encore d'excellents produits quand, saillies par de jeunes mâles, elles sont abondamment nourries pendant la gestation. Les mâles trop jeunes donnent des descendants bien constitués, mais faibles, et par conséquent éminemment propres à prendre la graisse; on ne s'en sert aussi que dans les pays très-fertiles, tandis qu'on les éloigne de la monte quand leurs descendants doivent résister aux fatigues et supporter l'absence de fourrages abondants et succulents. Les jeunes mâles font plus de femelles que les vieux : la même chose arrive sous l'influence d'une alimentation excitante et nutritive. De là vient que sur les Alpes, où on tient à avoir beaucoup de vaches, on emploie les taureaux à dix-huit mois, et seulement jusqu'à trois ans, et qu'on les y nourrit aussi bien que possible, tandis que dans les haras, où on veut des mâles, on emploie généralement des étalons âgés, auxquels on ne donne pas une nourriture trop abondante.

Lorsqu'on accouple des individus dont les caractères sont très-différents, on n'en obtient que des monstres; les métis provenant des grosses juments des plaines suisses avec des étalons anglais, tout en conservant les formes lourdes et empâtées de leurs mères, avaient retenu les longues jambes, le long cou et la tête effilée de leurs pères, ce qui les faisait ressembler à des dromadaires, et les rendait peu aptes au service du roulage, et encore moins à la course. Quand donc il s'agit de changer de fond en comble une race, il vaut mieux en importer une autre meilleure et n'avoir recours aux croisements que pour réformer quelques vices secondaires, qui ne disparaissent d'ailleurs d'une manière complète qu'après la sixième ou la septième génération.

Les vieilles races sont beaucoup plus difficiles à améliorer que celles qui sont plus récentes, parce que, produites par le sol, les premières ont des raisons d'être que n'ont point encore les secondes. Pour réformer une vieille race originale, on devra donc la croiser avec une autre analogue, et n'employer à la réforme définitive que les produits issus de ce premier croisement.

Les vieilles races sont produites par le sol; aussi doit-on les ménager autant que possible, pour ne pas être obligé de revenir sur des essais toujours fort coûteux. Il vaut donc infiniment mieux améliorer une race bien définie par elle-même qu'avec du sang étranger, qui souvent ne s'accommode pas du sol sur lequel on l'importe, comme cela est arrivé en France aux vaches de Durham et aux moutons Dishley. Nous avons vainement, et à plusieurs reprises, voulu substituer à nos petits moutons de Neuchâtel les Dishley et les mérinos de Rambouillet; ces deux races n'ont pas pu s'accommoder de prés secs, où la race indigène s'engraisse à merveille et fournit une très-belle laine. Les belles races de bétail que possède l'Angleterre ont été améliorées par elles-mêmes, et si nous cherchions à en faire autant, nous verrions surgir au bout de peu d'années bien plus de beaux types sur le continent que n'en possèdent les îles Britanniques, dont les ressources sont beaucoup plus restreintes que les nôtres.

Pour soutenir les effets d'un croisement bien entendu, il est indispensable de donner aux animaux une nourriture suffisante, tant avant l'accouplement que pendant la gestation et après le part, car le développement des petits dépend de l'alimentation reçue durant le premier âge ; aussi la race la plus grosse et la plus forte, mal nourrie quand elle est jeune, reste petite et faible. L'inverse a lieu aussi, et on s'expose à des accidents graves quand on donne aux animaux précédemment mal nourris des aliments succulents en grande abondance ; c'est pour cette raison qu'on ne peut pas conserver à Neuchâtel les petites vaches de Schwytz, qui succombent toutes durant le part, à cause de la grosseur démesurée que prend le veau dans leur sein, d'où il ne peut sortir sans qu'on soit obligé de sacrifier leur mère. Ces deux observations font deviner l'une des origines des *races* de bétail : c'est *la nourriture* ; l'autre est *la nature du sol*. Les pays humides ont des animaux hauts sur jambes et très-gros, tandis que ceux des pays secs ont les jambes courtes et le corps trapu. On appelle races les différences qui, existant entre certains animaux, ne les empêchent pas de produire des métis féconds quand ils s'unissent entre eux : c'est ce qui n'arrive jamais entre les espèces qui produisent bien entre elles, mais dont les métis sont stériles, comme ceux de l'étalon et de l'ânesse, du canard muet et de la cane ordinaire, du serin et de la femelle du chardonneret. Parmi les races, nous voyons le barbet produire des métis féconds avec le dogue femelle, l'alpaca avec le vigogne, le loup avec la chienne, et le bouquetin avec la chèvre. Du reste, les races produisent spontanément des races ou sous-races nouvelles ; c'est ainsi que les moutons Mauchamp à laine soyeuse sont nés des mérinos ; que les poules de la Cochinchine donnent des individus dont les plumes sont remplacées par des poils, et que les poules ordinaires à crête donnent souvent des petits avec des huppes au lieu de crêtes.

Il faut donc beaucoup de soin et de patience pour créer une race, surtout dans le cas où elle ne convient pas au sol qui l'a vu naître, où par conséquent ce n'est qu'à force de soins qu'on peut la conserver et la fixer. C'est à l'aide d'une patience continuée pendant plusieurs siècles que les Bénédictins d'Einsiedeln sont parvenus à développer dans le canton de Schwytz l'excellente race de bêtes à cornes et de chevaux qui en fait actuellement la richesse principale, et qui est justement recherchée partout en Europe.

Tout le monde sait que les femelles grasses deviennent stériles ; mais ce qu'on ignore, c'est que le même accident arrive aussi aux mâles : de là viennent les nombreux cas de stérilité qui se présentent quand on emploie à la monte des mâles trop bien nourris. On ne doit jamais perdre de vue que la sécrétion graisseuse étant anormale, elle entrave les autres fonctions normales dès qu'elle se développe avec énergie, en sorte qu'il ne faut jamais employer des bêtes grasses à la multiplication, et surtout leur éviter cette tranquillité qui les prédispose à la graisse et qui, bien loin de favoriser la sécrétion de la semence, l'entrave et peut même la supprimer.

Après l'accouplement fertile, l'état des femelles ne change pas avant un mois environ chez les gros animaux domestiques, dont la taille se développe alors très-sensiblement, en même temps que tout signe de rut disparaît.

Dès que la *gestation* est bien établie, il faut donner aux femelles une nourriture très-saine et aussi abondante que possible, afin de faciliter la digestion et d'éviter de trop remplir leur estomac, ce qui peut donner lieu à des indigestions et à l'avortement, qui en est presque toujours la suite. Les bêtes pleines doivent prendre un mouvement modéré ; il faut éviter de les fatiguer, et surtout de les laisser faire des mouvements brusques et violents. Les chocs, une grande peur, provoquent des avortements, de même que la position trop basse de l'animal du côté de la queue, provenant de l'inclinaison du sol ou de la hauteur de la crèche.

La durée de la gestation varie avec les espèces et même avec les individus ; elle est en général de :

Jours.			Jours.		
380	pour	l'âne,	116	pour	le porc,
330	—	le cheval,	60	—	le chien,
308	—	le buffle,	50	—	le chat,
270	—	le bœuf,	30	—	le lapin.
150	—	le mouton et le bouc,			

Ce qui permet de dire qu'elle est en général d'autant plus longue, que l'animal est plus gros. Cette remarque va être confirmée par l'observation de la durée de l'incubation des oiseaux domestiques, qui est de :

Jours.			Jours.		
35	pour	le cygne,	30	pour	l'oie,
35	—	le canard muet,	29	—	la pintade,
31	—	le dindon,	24	—	le faisan,
31	—	le paon,	21	—	la poule,
30	—	le canard ordinaire,	19	—	le pigeon.

Un seul coup d'œil jeté sur ce tableau suffit pour démontrer que la gestation ou l'incubation, ce qui revient au même, offre de grandes différences entre les espèces les plus voisines du reste, et que toutes celles dont la gestation n'a pas identiquement la même durée ne produisent entre elles que des métis stériles, tandis que cela n'arrive point aux espèces à gestation de même durée, telles que la chèvre et la brebis. Si la stérilité des métis provient en effet de l'inégalité dans la durée du développement du fœtus des deux espèces qui les ont produits, il est clair que le métis du buffle et de la vache sera aussi stérile que celui de l'âne et de la jument, mais que les métis de canard muet et de cygne femelle, de paon et de dinde, de jar et de cane commune seront fertiles.

Quand la gestation arrive près de son terme, les mamelles se gonflent d'un lait épais et visqueux doué de propriétés purgatives, et destiné à débarrasser les intestins du petit des déjections qui s'y sont accumulées pendant les derniers temps de sa vie intra-utérine. Immédiatement après la naissance, on coupe le cordon ombilical qui unissait le petit à sa mère, à 30 centimètres de son ventre, et on le lie avec du fil fort; il se dessèche bientôt et tombe en laissant une cicatrice qu'on appelle nombril. En général, cette opération est inutile, parce que le cordon ombilical se déchire de lui-même et se dessèche sans qu'il soit nécessaire de le lier. C'est par le cordon ombilical que le petit était nourri aux dépens du sang de sa mère; dès que le jeune animal est né, ses fonctions cessent : le sang le quitte, et c'est au lait de la mère à former le sang nécessaire à son développement ultérieur.

L'*allaitement* se continue pendant six semaines chez les ruminants, six mois chez les chevaux, trois mois pour les moutons, et un mois seulement pour les porcs, parce qu'ils mangent dès les premiers jours avec leur mère. Les jeunes sont d'autant plus gros et plus forts qu'ils ont reçu davantage de lait, ce qui est facile à comprendre, puisque, sans charger l'estomac, il fournit au corps tous les éléments nécessaires à son développement. Dès que les jeunes animaux commencent à chercher eux-mêmes leur nourriture, on procède à leur *sevrage*, en les déshabituant peu à peu du lait de leur mère, et en mettant à leur disposition des aliments succulents, tels que de l'herbe fraîche, du son délayé avec de l'eau, ou bien même des grains moulus grossièrement. A Einsiedeln, on ne laisse jamais téter les veaux, dans la crainte qu'ils ne blessent les vaches, parce qu'ils en frappent violemment le pis avec la tête. Cette méthode fournit d'excellents résultats; mais elle est pénible et demande beaucoup de temps. Je n'ai, du reste, jamais vu les mamelles souffrir beaucoup des suites de l'allaitement. Comme le sevrage suit d'assez près la naissance, il importe que celle-ci ait lieu au printemps et que la monte soit dirigée dans ce but, toutes les fois qu'on tient à faire des élèves robustes.

Une fois déshabitués de lait, on conduit les élèves dans des pâturages spéciaux, et on les tient dans des écuries sèches et aussi éclairées que bien aérées, puis on soumet à la castration tous ceux qu'on ne destine point à la reproduction.

La *castration* a pour but d'affaiblir l'animal et de le rendre ainsi plus docile, plus apte à prendre la graisse; elle atteint bien son but. Cette opération est d'autant plus dangereuse qu'on l'effectue à un âge plus avancé; aussi ne la fait-on que par un temps doux et tranquille, et donne-t-on du repos et un régime émollient aux animaux qu'on y a soumis. On coupe les chevaux à trois ou quatre ans; les taureaux à deux ans lorsqu'on les destine au trait, et pendant l'allaitement lorsqu'on veut les engraisser: les béliers à huit ou dix semaines; les porcs à deux ou trois semaines, et les coqs, ainsi que les poules, à trois ou quatre mois. Les animaux châtrés sont d'autant plus forts qu'ils ont été coupés plus tard, d'où il s'ensuit que les forces physiques sont en rapport direct avec celles de la génération, et qu'on fait bien de laisser entiers tous les animaux auxquels on demande, avant tout, de la force.

Les effets de la castration sont extraordinaires : les mâles perdent leur cri; leurs allures deviennent lourdes, molles; souvent leur pelage change; les cornes du bélier cessent de s'accroître; le cerf perd son bois; le coq enfin prend les allures de la poule.

Dès que le jeune animal se procure lui-même sa nourriture, il faut la lui fournir dans des proportions convenables à son état de santé et aux produits qu'on veut en tirer. La quantité des aliments varie avec l'espèce animale à laquelle on les destine, l'âge, le sexe et la santé de l'individu. Un même fourrage ne se donne pas toujours à la même dose, car il est bien plus nourrissant lorsqu'il a crû dans des terres sèches que dans des terres humides, lorsqu'il a été séché vite et à point que lorsqu'il a séjourné longtemps sur la terre. En se plaçant dans les conditions les plus normales possibles, on peut admettre que pour bien nourrir un herbivore il lui faut chaque jour 3 1/3 p. 100 de son poids en foin de première qualité ou son équivalent, facile à calculer à l'aide de la table des équivalents nutritifs que nous allons donner et dans laquelle tous les aliments sont comparés au bon foin de prairie pris pour type et dont le poids est représenté par 100.

Bon foin de prairie = 100.

Grains.

Froment	45	Pois	45
Seigle	51	Féverolles	64
Orge	54	Fèves de marais	65
Avoine	59	Vesces	50
Maïs	32	Lentilles	50
Sarrasin	57	Glands	75

Foins.

Esparcette	90	Spergule	90
Trèfle et luzerne	92	Patate douce	33
Vesce	97		

Pailles.

Lentilles	163	Avoine	235
Pois	153	Maïs	400
Vesces	159	Froment	460
Féverolles	145	Seigle	442
Orge	295	Sarrasin	149

Racines.

Pommes de terre crues.	201	Choux-raves	250
— — cuites.	180	Betteraves	300
Topinambours	260	Raves	400
Carottes et panais	270		

Feuilles vertes.

Betteraves	600	Choux pommés	536
Choux et raves	500		

Fruits.

Courge	500	Pommes et poires	400

Tourteaux.

Lin	45	Betterave	200
Pavot et colza	50		

Produits divers.

Malt de bière.........	125	Lait contenant 15 p. % de matière sèche....	100
Marc de pommes de terre fermentées.........	400	Viande contenant 25 p. % de matière sèche....	5
Marc de raisin distillé.	500		

En représentant par 100 kil. le poids d'un animal ruminant mangeant 3 kil. 1/3 de bon foin en vingt-quatre heures, on trouve, à l'aide du calcul et de la table précédente, qu'on peut remplacer cette nourriture par 19 kil. d'herbe de gras pâturages donnant 20 p. 100 de foin; 14 kil. de trèfle, luzerne, esparcette, vesce ou autres fourrages verts donnant 25 p. 100 de foin; 10 kil. d'herbe de prairie sèche donnant 33 p. 100 de foin; 7 kil. 2/3 de racines valant 50 p. 100 de foin; 5 kil. de paille de vesce; 7 kil. de paille d'orge ou d'avoine, ou enfin par 18 kil. de paille de froment ou de seigle.

L'emploi des équivalents alimentaires est singulièrement compliqué par leur volume, qui influe gravement sur la digestion, parce qu'une fois que l'estomac des herbivores est habitué à être distendu par une grande quantité de fourrages peu nutritifs, il ne supporte pas facilement d'en recevoir d'autres qui, sous un moindre volume, ont la même puissance alimentaire; de là vient que les herbivores adultes ne supportent pas du tout d'être nourris avec des soupes et des graines, qui conviennent beaucoup, en échange, aux jeunes bêtes, parce que leur estomac, habitué au lait, n'a point encore acquis l'énorme volume qu'il prend plus tard lorsqu'il se remplit d'herbes. Lors donc qu'on veut remplacer un fourrage par un autre, il est important de ne point en changer le volume primitif, ce qui est facile quand on sait qu'en représentant par 100 le volume de 100 kil. de bon foin, celui de :

100 kil.	de paille	=	100.
— —	de pommes de terre	=	15.
— —	de betteraves	=	18.
— —	d'orge	=	20.

En sorte que si on voulait donner de l'orge à des bestiaux mangeant d'habitude 100 kil. de foin, il faudrait, en tenant compte des équivalents alimentaires, ainsi que du volume des fourrages employés, y substituer 100 kil. de paille et 20 à 25 kil. d'orge en grains.

Depuis quelques années, on préconise beaucoup les soupes avec lesquelles on arrose pendant l'hiver le foin destiné au bétail ; cette méthode, excellente pour les vaches à lait et les bêtes à l'engrais, ne vaut rien pour celles qu'on destine au trait ou à la reproduction, parce qu'elle les débilite ; elle est surtout nuisible aux chevaux et aux moutons, auxquels on ne l'applique jamais.

On augmente beaucoup la force nutritive des fourrages en les cuisant à la vapeur, parce qu'on en facilite la digestion ; il est donc sage de cuire les fourrages-racines toutes les fois que les frais de cette opération ne sont point trop considérables. Pour les porcs, qui aiment les aliments aqueux, on les cuit avec beaucoup d'eau.

Nous ne pouvons, en échange, nous élever avec assez de force contre l'usage des fourrages fermentés qui, en introduisant dans l'organisme une quantité considérable d'acides acétique et lactique, le débilitent d'une manière déplorable ; aussi, au bout de quelques jours, le lait des vaches diminue-t-il d'un quart, et la faiblesse allant toujours croissant, finissent-elles par tomber à terre sans pouvoir se relever, parce que les acides dont on les a gorgées ont attaqué leurs os au point de les rendre mous et incapables de les soutenir.

Quand les aliments sont durs ou trop volumineux, on les divise avec le hache-paille ou le coupe-racines, ou bien on les concasse, comme on le fait pour les grains, tantôt en fragments grossiers, tantôt jusqu'à ce qu'ils soient transformés en farine.

Il est de la plus haute importance que les fourrages soient propres, exempts de poussière, et surtout pas moisis, ce qui les rend malsains, et quelquefois même très-vénéneux. Dans le cas où on serait forcé de rentrer des foins avant qu'ils fussent tout à fait secs, on en empêcherait la moisissure en les saupoudrant avec 5 p. 1000 de sel ; cette légère addition de sel en tempère aussi la fermentation, au point d'empêcher tout danger d'incendie.

L'alimentation doit être également abondante durant toute l'année, dans le cas où on tient à avoir des produits soutenus. Il est inutile de donner trop ; mais il est bien plus dangereux de ne pas donner assez, car il faut de longs mois pour réparer le déplorable effet de quelques semaines de disette. Les économies qu'on fait sur la nourriture du bétail se paient toujours tellement cher, qu'on ne peut assez prémunir contre elles ; mieux vaut tuer ses bêtes que de les affamer.

Il est imprudent de passer brusquement d'un régime à un autre ; la transition doit être aussi insensible que possible, surtout quand il s'agit de passer du sec au vert, ou l'inverse. Le changement est ici tellement complet qu'il amène régulièrement un dérangement de la digestion, qui se trahit par une diarrhée plus ou moins forte, et qu'on empêche en mêlant au vert une quantité suffisante de foin. Cette méthode est la seule qui permette d'éviter le gonflement du bétail alimenté avec le trèfle ou la luzerne ; depuis que nous l'employons, nous n'avons plus eu un seul accident, facile à guérir, du reste, avec de l'eau ammoniacale ou de chaux.

Les *heures des repas* seront aussi régulières que possible ; en Suisse, on fourrage les adultes trois fois par jour, et on fait boire après chaque repas. La quantité de nourriture varie avec chaque individu ; mais, une fois fixée, on doit éviter de la changer, et pour cela, le mieux est de la peser. On fourrage plus souvent les bêtes jeunes ou malades avec des aliments choisis, dont on leur donne moins à chaque fois.

L'*eau* doit être limpide et pas crue ; on fait donc bien d'en remplir les bassins quelques minutes avant d'abreuver. On la donne à l'étable quand le froid est très-vif ; il faut éviter avec le plus grand soin les eaux stagnantes et bourbeuses, qui sont la cause de la plupart des épizooties. L'influence de l'eau sur l'alimentation est facile à prévoir, quand on sait que le chyle renferme jusqu'à 92, le sang jusqu'à 89, le lait jusqu'à 92, et la chair 75 p. 100 de ce liquide.

Quand les animaux sont au vert, surtout dans de riches pâturages, ils ont beaucoup moins besoin d'eau que lorsqu'ils reçoivent une nourriture sèche. Un bœuf de cinq quintaux métriques boit 40 kil. d'eau lorsqu'on le nourrit de foin, tandis qu'il ne lui en faut que 3 à 6 kil. quand il mange de l'herbe qui contient généralement 70 à 80 p. 100 d'eau. L'eau sert non seulement à former en partie le corps des animaux, mais aussi à en éloigner les sels et autres substances nuisibles qu'elle entraîne au dehors. Sans eau, toute nutrition est impossible, puisque la dissolution des aliments ne peut plus se faire. Du reste, le besoin d'eau varie avec les espèces ; et tandis que les bœufs et les porcs ne peuvent se passer pendant longtemps de ce liquide, les moutons et les lapins ne semblent pas souffrir lorsqu'on les en prive durant plusieurs jours ; bien plus, des souris tenues en cage où elles étaient nourries uniquement avec du froment se portaient fort bien au bout de deux mois durant lesquels elles n'avaient pas reçu d'eau, ce qui ne les empêchait pas d'uriner aussi fréquemment que d'habitude. L'eau nécessaire à la vie des animaux qui boivent peu vient donc de la combustion de l'hydrogène de leurs aliments, comme nous l'avons fait voir en parlant du sommeil hibernal des marmottes. Pendant l'allaitement, le besoin de boire augmente beaucoup : une vache de cinq à six quintaux, donnant 4 litres de lait, boit 20 kil. d'eau en vingt-quatre heures.

Les eaux privées d'air, comme celles des puits profonds, seront battues avant qu'on les laisse boire ; il faudra purifier celles qui sont chargées de sels métalliques, et surtout de sulfate calcique, en se servant des moyens que nous avons indiqués en traitant des arrosements.

L'*air* pur est nécessaire à tous les animaux, auxquels il fournit l'oxygène nécessaire à la purification de leur sang. Chaque tête de gros bétail consomme par jour 2 kil. 1/2 à 3 kil. d'oxygène qu'elle remplace par 3 kil. 1/2 à 4 kil. d'acide carbonique et de vapeur d'eau. L'air doit donc circuler dans les étables, avec la plus grande liberté en été, en aussi grande masse que possible en hiver, toutes les fois que

5

l'intensité du froid le permettra. Si l'air pur et frais est nécessaire aux bêtes de travail et de multiplication, il faut au contraire éviter de l'offrir aux bêtes à l'engrais, parce qu'elles consomment beaucoup plus de nourriture à cause de la nécessité où elles se trouvent de réparer des pertes de chaleur; aussi tient-on les bêtes à l'engrais dans une atmosphère aussi chaude et humide que possible.

La *lumière* est une condition de santé qu'on ne met de côté que pour les bêtes à l'engrais. Sans lumière, l'oxydation du sang s'effectue mal, la peau se décolore, les yeux s'éteignent, la cécité survient, et tous les sens s'affaiblissent. Les rayons solaires ne doivent jamais tomber directement sur la tête des bestiaux, auxquels ils causent l'irritation cérébrale connue sous le nom de coup de soleil; en général, on fait bien de garnir de grossiers rideaux de toile les fenêtres qui donnent passage aux rayons directs du soleil.

La *chaleur* est indispensable à tous les animaux domestiques qui, sans exception, souffrent beaucoup du froid; c'est d'ailleurs une fausse économie que d'avoir des étables froides, parce que le bétail mange beaucoup plus dans ces conditions-là, sans que son poids augmente; il y a là un juste milieu à tenir. L'expérience a appris que la meilleure température des étables, pour tous les animaux domestiques, est de 18° C en toutes saisons. La chaleur sèche ne leur fait pas grand'chose, tandis que la chaleur humide est excessivement nuisible à tous les bestiaux qui ne sont pas à l'engrais; aussi fait-on bien de renouveler l'air des étables aussi souvent que possible à l'aide de guichets plats et allongés percés dans les murs immédiatement au-dessous du plafond, et non pas avec des cheminées d'aérage dont l'action est excessivement restreinte, et qui d'ailleurs se pourrissent vite et sont généralement assez difficiles à établir.

L'air de l'étable des bêtes à l'engrais peut avoir jusqu'à 20° C et être fortement chargé d'humidité, tandis que la température de la bergerie peut descendre à 12° C sans aucun inconvénient, quand les moutons sont couverts de laine.

La *litière* a pour but de fournir au bétail un coucher mou, chaud, et de retenir ses déjections en les absorbant ; aussi est-elle généralement formée de paille dont il faut chaque jour 2 à 5 kil. par tête de gros bétail, 2 à 3 kil. par cheval et 250 grammes par mouton.

On change la litière dès qu'elle est sale, ou surtout humide. Pour économiser la paille, on a proposé de la remplacer par de la terre bien divisée, ce qui peut se faire pour les moutons, que leur toison garantit contre le froid ; mais il n'en est point de même pour le gros bétail, dont le poil court, n'arrêtant pas le froid du sol, les expose à des refroidissements graves. Comme d'ailleurs l'usage de la terre salit le poil, l'use et donne beaucoup de poussière, nous croyons que cette nouvelle application n'aura pas la sanction de la pratique.

Le *sel* est absolument indispensable à la santé du bétail ; son action est complexe. Mécaniquement il favorise l'absorption, et par conséquent aussi toutes les sécrétions ; chimiquement il empêche l'altération des sucs, fournit à l'estomac le chloride hydrique nécessaire à la dissolution des aliments, et au sang la soude indispensable à l'existence de ce fluide nutritif. Tous les animaux ont besoin de sel ; les oiseaux en sont tout aussi avides que les autres animaux mammifères ; les animaux inférieurs seuls semblent le redouter ; il agit comme un violent poison sur les limaces.

Le sel est d'autant plus utile aux animaux qu'ils sont d'une constitution plus faible. Les moutons meurent de cachexie quand on le leur refuse ; les bœufs prennent une peau dure, épaisse, un poil rude et hérissé ; chez tous, la digestion s'effectue moins vite et d'une façon imparfaite. Les animaux exigent d'autant plus de sel, que le climat est plus humide. Ainsi, tandis que dans le midi de la France le bétail se passe de sel, il lui devient indispensable dans le centre ; dans le nord, il lui en faut le double:

On donne 12 kilogr. de sel par an à chaque bête à cornes de trois quintaux métriques ; il en faut 6 kilogr. à un cheval, 1 kil. 1/2 à un mouton, et 3 kilogr. à un porc ; il est indispensable aux volailles, dont la ponte n'est soutenue que si leurs aliments sont salés.

Les *soins* sont le complément indispensable d'une bonne alimentation; des bestiaux brusqués ou tourmentés ne prospèrent pas, et le mauvais caractère d'un bouvier peut gâter pour toujours le bétail le mieux soigné et le plus richement nourri. La propreté la plus scrupuleuse est indispensable à la santé; aussi des bestiaux soigneusement étrillés et lavés sont-ils beaucoup plus faciles à nourrir et plus exempts de toute espèce de maladies que ceux qui sont mal tenus, parce que les fonctions si importantes de leur peau s'effectuent d'une manière normale.

L'*engraissement* a des règles générales que nous allons bien peser avant de passer à l'examen des différentes familles animales que l'homme utilise.

En faisant absorber au bétail plus que sa ration d'entretien, l'engraissement a pour but de lui faire produire une quantité de chair et de graisse assez considérable pour qu'il puisse être employé avantageusement à la boucherie.

L'engraissement est graduel; on lui applique des aliments de plus en plus nutritifs. Ainsi, on débute avec le foin, puis on lui adjoint les racines cuites, et enfin les graines farineuses et oléagineuses. Quand l'appétit semble diminuer, on le soutient avec du sel, du genièvre, du soufre ou même du kermès minéral. On favorise beaucoup l'engraissement à l'aide d'une étable chaude, obscure, et où le bétail est immobile et à l'abri du bruit.

L'engraissement dure plus ou moins longtemps, suivant l'espèce de bétail et la nature des aliments qu'on lui donne. On le continue aussi longtemps que l'animal paie les frais de son alimentation, c'est-à-dire aussi longtemps que son accroissement est assez rapide pour contrebalancer avantageusement la dépense de la nourriture, dépense qui s'accroît sans cesse, puisque les aliments doivent devenir de plus en plus nourrissants, en sorte qu'il est rarement avantageux de pousser le bétail au dernier degré de graisse.

Les animaux d'âge mûr s'engraissent plus facilement que ceux qui sont vieux ou qui n'ont pas achevé leur croissance; on les prend entre cinq et neuf ans; dans tous les cas, leur bouche doit être en bon état, leur peau fine et souple, leur caractère doux et leur œil paisible. Les bêtes aptes à la graisse ont généralement les jambes et le cou court, la tête petite et le dos large; les bêtes de moyenne taille s'engraissent un quart à un tiers meilleur marché que celles qui sont très-grosses, tant parce qu'elles digèrent mieux que parce qu'elles sont beaucoup plus faciles pour la nourriture.

Il vaudrait mieux engraisser le bétail en été qu'en hiver; on ne le fait cependant pas, parce qu'on n'en a pas le temps.

Les herbes sèches ou vertes poussent à la chair, ainsi que les pommes de terre, les betteraves et les autres fourrages-racines, tandis que les céréales, les tourteaux et le malt poussent à la graisse. On commence par former la chair, puis on passe peu à peu aux aliments qui développent la graisse, et qu'on étend généralement d'eau pour en faciliter l'assimilation; on a soin de les saler plus fortement que d'habitude.

L'engraissement dure de douze à vingt-cinq semaines, suivant les circonstances; il est d'autant plus rapide que le bétail est mieux portant et mieux nourri.

Les *bêtes à cornes* prennent l'herbe avec la langue qu'elles ont longue et forte; il leur faut donc aussi de l'herbe longue; elles ne peuvent pas la brouter quand elle est courte. Cette observation prouve déjà que ces animaux ne peuvent habiter que des plaines ou des vallées fertiles dans lesquelles leur marche est facilitée par leur large sabot fendu. Tous ces animaux portent le nom de ruminants, à cause de l'étrange faculté qu'ils ont de faire remonter leurs aliments à la bouche après qu'ils ont séjourné pendant un certain temps dans un énorme réservoir appelé panse, qui est le premier estomac; les autres estomacs, le bonnet, le psautier et la caillette, viennent ensuite; les deux premiers ne font que continuer la préparation des aliments commencée dans la panse, tandis que la caillette en opère la digestion. Cette complication du système digestif était nécessaire chez les bêtes à cornes, pour qu'elles pussent tirer tout le parti possible des aliments que l'imperfection de leur système dentaire les empêchait de broyer convenablement.

Ces animaux ont constamment le garrot plus élevé que la croupe, et cela à tel point, qu'il s'y développe une véritable bosse chez le zébu, l'aurochs et le bison. Il est probable que le bœuf domestique provient de l'une des races encore sauvages sur les hauts plateaux de l'Inde. Le buffle et l'yak diffèrent considérablement des bœufs ordinaires : le premier, habitant des marais chauds et humides, le second des régions froides, y rendent des services qu'on ne pourrait demander à aucun animal domestique. Tous les deux donnent les mêmes produits que nos bœufs, auxquels il faut ajouter, pour l'yak, une laine grossière très-abondante et des crins blancs de toute beauté.

Le zébu, très-répandu en Asie, y prend toutes les tailles, depuis celle du mouton jusqu'à celle de nos plus gros bœufs; intelligent, docile, il est fréquemment employé sous la selle; sa chair, abondante, est bonne; mais cette race est très-mauvaise laitière en général. J'ai cependant vu de petites vaches zèbus de Ceylan qui étaient très-bonnes laitières.

Toutes les variétés de bœufs domestiques se divisent en deux grandes classes: celle des bœufs de la plaine et celle des bœufs des montagnes. Le type de la plaine est l'immense bœuf podolien qu'on trouve dans les vastes steppes de l'Europe orientale, où il frappe d'étonnement le voyageur par ses cornes immenses tournées en avant et en haut, de manière à dessiner le contour d'une urne; ses jambes sont très-longues, de même que son cou; la tète petite, le ventre allongé, maigre, tout le corps efflanqué. Cette race, excellente à la course, est très-mauvaise laitière; la chair en est, par contre, excellente, ce qui la fait rechercher beaucoup. Les races des montagnes sont trapues, basses sur jambes; leurs cornes sont courtes et fortes; leur plus beau type est la vache d'Einsiedeln, répandue dans toute la Suisse orientale. Excellente laitière, donnant une viande parfaite, la vache d'Einsiedeln est trop basse sur jambes pour faire une bonne bête de trait. On appelle *petits* les bœufs qui pèsent de 3/4 de quintal métrique à 1 quintal 1/2, *moyens* ceux qui pèsent de 2 à 3 quintaux, et *gros* ceux qui atteignent 4 à 8 quintaux.

L'éleveur de bêtes à cornes a rarement pour but d'obtenir d'elles uniquement de la force, de la chair ou du lait; le plus souvent il leur demande ces trois produits réunis, et choisit en conséquence ses types reproducteurs, en n'oubliant jamais que pour obtenir de bonnes vaches laitières il faut que leur père descende d'une excellente laitière.

Les bonnes vaches laitières ont le derrière du corps sensiblement plus développé que le devant; leur ventre s'élargit en bas; elles ont la tête et le cou fins, les jambes courtes, la queue longue et déliée, les poils fins et soyeux, la peau souple, les mamelles amples et molles, bien couvertes de grosses et fortes veines.

Les bêtes aptes à la graisse ont le corps gros sans être lourd; il a une forme semblable à celle d'un cylindre; leur dos est large, plat; leurs cuisses sont arrondies, leur peau souple et mobile, leur appétit bon et leur caractère doux.

Les bêtes les plus aptes au trait sont bien proportionnées; leur cou court et épais, leur vaste poitrine, ainsi que leurs épaules larges et bien attachées, annoncent la force. Leur dos est fort, droit, court, et leur naturel docile. Les pieds sont larges, bien fendus; ils ne doivent jamais se toucher en marchant.

Les vaches entrent en chaleur à un an et en toute saison. Cet état cesse après vingt-quatre ou quarante-huit heures, et reparaît toutes les deux ou trois semaines, aussi longtemps que l'accouplement n'a pas eu lieu. Les génisses destinées à la reproduction ne doivent pas être couvertes avant deux ans, parce que la gestation en arrête le développement qui n'est complet qu'à cet âge. Comme on conserve les vaches jusqu'à douze ans, on tire 9 à 10 veaux de chacune d'elles; un seul taureau suffit à cinquante vaches. On ne garde jamais les trois premiers veaux d'une vache, parce qu'ils sont généralement petits; un veau est petit quand il pèse 20 à 30 kil., moyen quand il pèse 30 à 40 kil., et gros lorsqu'il atteint 40 à 55 kil.

Le taureau sert à la monte depuis dix-huit mois jusqu'à quatre ans où on le tue, parce qu'il devient intraitable à cet âge. La vache porte neuf mois et demi, durant lesquels elle reçoit un supplément de nourriture, et on cesse peu à peu de la traire six semaines avant le part. Dès que le veau est né, on le laisse téter; son poids est environ un dixième de celui de la vache. Plus tard, on le nourrit au baquet avec le lait de sa mère qu'on lui donne tout chaud, trois ou quatre fois par jour, la première semaine à la dose de 2 litres 1/2 à 3 litres, la seconde de 3 litres 1/2 à 4 litres, et la troisième de 5 à 6 litres. A un mois, on commence le sevrage des veaux qu'on veut garder et auxquels on offre du regain et de l'avoine concassée; jusque-là leur poids augmente d'environ 125 gr. par jour. Plus tard il reçoit 4 kil. de foin la première année; on lui en donne 6 à 8 kil. la seconde, et 8 à 12 kil. la troisième, où il doit atteindre le poids de 3 quintaux 1/2 métriques. Quand on tient à avoir des élèves très-vigoureux, on en prolonge l'allaitement jusqu'à six semaines et même deux mois; ce serait beaucoup trop coûteux pour les veaux de boucherie, qui ne paient plus le lait qu'ils boivent après leur troisième semaine, tandis que l'élève se ressent d'une façon heureuse pendant toute sa vie de la prolongation de l'allaitement. On n'élève guère que les veaux du printemps et de l'automne, parce que c'est alors qu'ils souffrent moins de la chaleur, des insectes, et qu'ils trouvent le plus de fourrages. Quand les veaux prennent des poux, on les huile fortement, et on les peigne le lendemain; lorsqu'ils prennent la diarrhée, on les guérit en leur faisant avaler gros comme une noix de craie pilée et délayée dans du lait.

L'étable des veaux sera sèche, bien aérée, quoique sans courants d'air, qui sont excessivement dangereux pour ces jeunes animaux. On la tient très-proprement, assez chaude, et on la garnit d'une litière abondante. En général, l'élève des veaux à l'étable est coûteuse; elle devient très-lucrative dans les pâturages élevés où on la pratique sur une vaste échelle.

Une fois que les bêtes sont adultes, on les nourrit de manière à ce qu'elles paient le plus cher possible leurs aliments et à ce qu'elles donnent le fumier au plus bas prix. C'est avec une nourriture abondante et bien choisie qu'on atteint le mieux ce but; il vaut donc mieux avoir peu de bétail et le bien nourrir, que beaucoup et ne pas lui donner assez. En général, on nourrit les bœufs à l'étable; et partout où on possède des prairies artificielles, on ne laisse pâturer qu'à la fin de l'été, immédiatement après les regains. En hiver, la nourriture sèche est essentiellement alimentée par le foin dont il faut 3 p. 100 du poids de l'animal vivant pour le conserver en vie : c'est ce qu'on appelle la *ration d'entretien;* tout ce qu'il reçoit en sus constitue la *ration de production* en force, viande ou lait. Un bœuf de 1,000 kil. exigera donc 30 kil. de foin, uniquement pour se conserver en vie; son poids ne diminuera ni n'augmentera; tandis que si on lui donne 40 kil. de foin, son poids augmentera chaque jour de 5 p. 100 du fourrage employé *en sus* de sa ration de conservation ou d'entretien, soit de 1/2 kil. par jour. On peut remplacer le foin par un mélange de paille et de racines hachées ou autres aliments analogues. Le foin dur et coriace des marais ne convient qu'aux chevaux; celui qui est couvert de poussière, de boue ou bien moisi, ne peut être donné qu'aux bêtes à l'engrais, auxquelles on l'administre avec les soupes; ces foins-là sont avidement mangés par les buffles, qui engraissent à vue d'œil sous l'action de ce régime insuffisant et même dangereux pour les bêtes à cornes ordinaires. Le regain, de même aussi que le foin court et parfumé des montagnes, ne convient qu'aux moutons, aux élèves et aux bêtes à l'engrais, tant il est nutritif; 100 kil. de regain produisent 8 à 10 kil. de chair et graisse, en sorte que l'on peut admettre qu'il est deux fois plus nourrissant que le meilleur foin de prairie. Une vache de moyenne taille consomme 12 à 15 kil. de foin.

Les pailles seront tout aussi propres et pures que le foin. Les plus nutritives sont celles de vesces et de pois, puis celles des céréales d'été et d'avoine, et enfin les siliques de colza, qui ne valent que 50 p. 100 de foin.

Les fourrages racines poussent au lait et à la chair; on les administre crus et coupés en tranches minces, ou cuits et broyés avec du foin ou de la paille hachée. Il faut soigneusement éviter de donner les pommes de terre crues seules en grande quantité, afin d'empêcher la paralysie du train de derrière qu'elles causent toujours et qui produit l'avortement ou l'hydropisie, ainsi que de dangereuses diarrhées. Les meilleures racines sont les carottes; ensuite viennent les choux-raves, puis les topinambours et les pommes de terre. Les fourrages-racines ne font jamais plus de la moitié de la ration; on en donne à un bœuf de moyenne taille 20 à 30 kil. mélangés avec 7 à 10 kil. de foin ou paille; on leur adjoint aussi les grains broyés vers le dixième jour déjà, ce qui accélère beaucoup l'engraissement.

L'usage des résidus de distillerie étant borné au voisinage de ces établissements, il est assez peu étendu; on les donne mêlés avec du foin haché, et on les fait toujours suivre par une certaine quantité de foin long, nécessaire pour entretenir intactes toutes les fonctions des organes de la digestion. Il faut à un bœuf de moyenne taille 18 à 22 kil. de résidus dus au travail de 18 à 20 kil. de grain ou de 60 à 70 kil. de pommes de terre, auxquels on ajoute 4 à 5 kil. de foin tant haché que long. Sous l'influence de ce régime très-débilitant, la chair devient aqueuse et molle. On réussit beaucoup mieux en employant 18 à 22 kil. de malt et 6 à 8 kil. de foin par tête, parce que cette nourriture n'étant jamais aussi acide que la précédente, ou ne l'étant même pas du tout, elle n'affaiblit pas les bestiaux auxquels on la donne.

L'engraissement aux grains et aux tourteaux est celui qui donne le meilleur résultat quant à la qualité et au poids de la chair; il est aussi de beaucoup le plus rapide. On ne peut en faire usage que dans les années où ces coûteuses denrées ne sont pas trop chères, ce qui n'est pas le cas depuis les longues années de pluie qui affligent toute l'Europe; 50 kil. de céréales produisent, suivant l'espèce, 8 à 10 kil. de chair ou graisse. Les grains sont d'autant plus nourrissants qu'ils pèsent davantage, sous le même volume : en première ligne vient le maïs, puis les haricots, les pois, les vesces, les céréales, les féverolles, les lentilles et le sarrazin; on les donne toujours concassés, réduits en farine, ou gonflés sous l'influence d'un commencement de fermentation. Quand on donne les grains tels quels, il en échappe bien un quart à la mastication; ils sont rejetés au dehors en pure perte; aussi ne le fait-on que lorsqu'il y a impossibilité de les employer sous une autre forme. Chaque bœuf de moyenne taille exige 8 à 10 kil. de grain et autant de foin, moitié haché, moitié long.

Quant aux tourteaux, ils constituent un des moyens d'engraissement les plus actifs et les plus sûrs, à tel point qu'on est en droit de se demander s'il ne serait pas plus avantageux d'appliquer les graines oléagineuses à l'engraissement du bétail qu'à la fabrication de l'huile, dans les années où ce produit est de peu de valeur. On emploie les tourteaux en poudre qu'on jette sur les fourrages, soit seuls, soit après les avoir délayés dans de l'eau chaude; les meilleurs sont ceux de lin et de colza; ceux de madia, de ricin et de hêtre sont vénéneux et ne peuvent être employés que comme engrais.

Un bœuf de moyenne taille engraisse lorsqu'il reçoit chaque jour 15 kil. de pulpe de betteraves ou de pommes de terre, 2 kil. 1/2 de foin et 750 grammes de tourteau; il engraisse aussi quand on lui donne 50 kil. de maïs vert.

Chaque bœuf à l'engrais exige 70 gr. de sel par jour; soit un demi-kilogramme par semaine; il constitue, avec un pansement régulier, une grande propreté et une excessive tranquillité, le moyen de réussite le plus sûr; chaque économie faite sur le sel produit infailliblement une perte au moins double sur les aliments. Quand l'appétit se fatigue, on mêle au sel 30 ou 40 gr. de baies de genièvre, ou de racines concassées de gentiane jaune qui, en agissant comme toniques, réparent bien vite le mal.

Quand l'engraissement s'effectue à l'étable, chaque bête reçoit pour litière, suivant sa grandeur, 4 à 6 kil. de paille par jour, tandis qu'il ne lui en faut que 2 kil. 1/2 quand elle passe toute la journée au pâturage.

L'engraissement au pâturage est bien plus lent et irrégulier que celui à l'étable, et il est presque impossible de le poursuivre sans l'emploi du foin et des racines, au moins durant les jours de pluie soutenue ; il est donc assez cher. Chaque bœuf exige par jour 100 kil. de trèfle vert ou, pour l'engraissement complet et suivant la nature du pâturage, l'herbe d'un demi-hectare ou d'un hectare entier. Toutes ces considérations réunies font qu'on n'engraisse le bétail au pâturage que quand la main-d'œuvre est très-élevée, ou bien que le terrain étant à bas prix, les débouchés sont assez difficiles pour qu'il n'y ait pas possibilité d'atteindre l'engraissement, et qu'il faille se borner à une suffisante mise en chair qui n'empêche pas l'animal de gagner lui-même des marchés souvent fort éloignés, comme cela arrive aux bêtes à cornes de la Hongrie et du Banat. Quoi qu'on dise en faveur de la stabulation permanente, nous ne pouvons pas croire qu'elle donne des sujets aussi forts que ceux qui ont été élevés sur les pâturages, puisqu'ils sont privés de mouvement, de grand air et de l'abondante lumière indispensable au développement de toutes leurs parties. Il y a là, du reste, un sage juste milieu à tenir ; il consiste à laisser aux élèves la jouissance d'un espace clos où ils puissent vaguer à leur aise, toutes les fois que cela leur convient ; mais, nous le répétons, il est impossible de faire de bons élèves avec le système de la stabulation permanente absolue. Quand l'herbe est gelée ou couverte seulement de gelée blanche, on ne laisse pas sortir le bétail avant qu'elle ait disparu, pour lui éviter des indigestions. Le matin, on sort aussitôt que possible, après avoir abreuvé, et on empêche le bétail de gagner pendant la journée les mares dont l'eau toujours plus ou moins croupissante recèle tant de germes de maladies. Sur le Jura et les Alpes, la saison du pâturage dure cinq à six mois au plus ; elle rapporte beaucoup durant les années humides, tandis que dans le cas où l'été est très-sec, le fourrage manque souvent au point de forcer à ramener les vaches dans la plaine. En plaine, on compte que pour maintenir bien en lait une vache de moyenne taille, il faut lui consacrer de 1/2 à 2/3 d'hectare de prairie d'excellente qualité, de 3/4 à 1 hectare de seconde qualité, et de 1 hectare 1/2 à 2 hectares de mauvaises prairies.

A l'étable, chaque bête à cornes veut un espace long de 3 mètres 1/3 à 4 mètres, large de 1 mètre 1/3 à 1 mètre 2/3 et haut de 4 mètres. Le passage derrière chaque rangée de bétail doit avoir au moins 3 mètres 1/2 à 4 mètres de large. Il faut une femme pour soigner dix bœufs, tandis qu'au pâturage on n'a besoin que d'un seul homme pour garder une centaine de bêtes à cornes.

Les bêtes à cornes produisent de la force que nous ne pouvons pas apprécier à la balance, et sur laquelle nous n'avons par conséquent aussi rien à dire, du lait, de la viande et du fumier.

Outre un veau, chaque vache de moyenne taille donne en moyenne 7 à 800 litres de lait en trois cents jours environ, qu'on divise en quatre périodes durant lesquelles le lait diminue sans cesse, à mesure qu'on approche davantage de l'instant du part. Pendant la première période, qui vient immédiatement après le part et dure 40 jours, la vache donne 3 litres 1/4 de lait; pendant les 90 jours suivants, 3 litres; pendant les 90 jours plus tard, 2 litres 1/2; et enfin 1 litre 1/2 seulement pendant les 80 derniers jours. On compte que chaque quintal métrique de foin donné en sus de la ration d'entretien fournit 24 litres de lait, et qu'une vache de 300 kil. donne une moyenne annuelle de 770 litres de lait.

Le lait est formé de :

Eau	86 à 92
Sucre de lait	5 à 7
Caséine et albumine	3 à 5
Beurre	3 à 5
Sels	1/3 à 2/3

Ces sels sont essentiellement formés de phosphate calcique et de chlorure sodique. Comme la masse du lait varie, ainsi change aussi le rapport de ses parties constituantes, suivant l'époque de la gestation, celle de la traite, la nature de la nourriture, la race, la température et les soins. Depuis le quarante-deuxième jour après la monte jusqu'au dixième avant le part, le lait est généralement alcalin : il perd alors son sucre, et contient 78 à 79 p. 100 d'eau. Depuis le dixième jour avant le part jusqu'au sixième après, le lait est neutre, ou légèrement acide, et il reprend alors, peu à peu, son sucre. On cesse de traire durant cette période, et on ne recommence que huit jours après le part.

Le lait du matin est plus gras que celui du soir ; celui qui sort d'abord du pis est moins gras que celui qu'on en tire ensuite ; mais il est de deux tiers plus riche en caséine que lui. Les aliments sucrés et aqueux, tels que les racines et les fourrages verts, favorisent la sécrétion lactaire, comme les grains augmentent la production de la graisse et de la chair. Le lait obtenu sous l'influence du trèfle contient 4 p. 100 de sucre et 2 p. 100 de beurre, tandis qu'il s'y trouve 5 p. 100 de chacune de ces deux substances, quand on donne aux vaches du foin et des pommes de terre.

Les grandes races donnent un lait beaucoup plus aqueux que celui des petites.

La composition du lait change avec les espèces, ainsi que le prouve le tableau suivant, dans lequel nous avons réuni les meilleures analyses du lait des principaux animaux domestiques.

Composition moyenne du lait de :

	Anesse.	Brebis.	Chèvre commune.	Chèvre du Thibet.	Lama.	Vache.
Beurre......	1,50	7,50	4,40	8,35	3,15	3,20
Caséine.....	0,60	4,00	3,50	3,65	3,00	3,00
Albumine....	1,55	1,70	1,35	1,47	0,90	1,20
Sucre de lait.	6,40	4,30	3,10	5,40	5,60	4,30
Sels........	0,32	0,90	0,35	0,83	0,80	0,70
Eau.........	89,63	81,60	87,30	80,30	86,55	87,60
	100,00	100,00	100,00	100,00	100,00	100,00

L'étrillage et les soins de propreté augmentent incontestablement la quantité de lait.

Pour conserver le lait aux vaches, il leur faut une étable chauffée à + 15° ou + 18° C ; elles souffrent presque autant d'une température élevée que du froid. Le mouvement diminue la quantité du lait; des vaches agitées et maltraitées peuvent même tarir complètement; on doit donc les traiter avec beaucoup de douceur. Quand on fait travailler les vaches, et qu'on ne les force pas, le lait ne diminue que de 4 à 5 p. 100, ce qui permet de les employer avantageusement au travail que feraient les bœufs; il faut deux vaches pour faire autant d'ouvrage qu'un bœuf.

Quoiqu'on attelle les bœufs déjà à deux ans, on a tort, parce qu'on en arrête totalement le développement; on devrait ne le faire qu'à trois ans et ne pas les employer aux travaux de force avant cinq ans; en les traitant de cette manière, on peut les utiliser jusqu'à douze ans, âge auquel on les engraisse; ils fournissent en moyenne 240 jours de travail par an, et 75 quintaux de fumier frais.

Il y a quelques années qu'on a proposé de soumettre à la castration les vaches laitières, dans le but de les maintenir en pleine lactation durant toute l'année; cette barbare idée n'a heureusement pas eu de suites avantageuses; le fait était du reste facile à prévoir, puisque la sécrétion du lait est entièrement liée aux fonctions de la génération.

Chez les bœufs à l'engrais, 100 kil. de foin ou d'aliments de même valeur en sus de la ration d'entretien fournissent 8 kil. de chair et graisse. En ne tenant compte que de la ration totale d'entretien et de production réunies, on trouve que les petits bœufs s'engraissent bien plus économiquement que les gros, puisque 10 à 15 kil. de foin produisent 1/2 kil. viande chez les bêtes pesant 400 kil., tandis que pour produire le même poids de viande, il en faut 12 kil. chez les bêtes de 550 kil., et 20 kil. chez celles qui atteignent le poids de 750 kil. Pendant les 100 jours que dure l'engraissement, le fumier produit par la première classe pèse 30 quintaux, celui de la seconde 39 et celui de la troisième 57 quintaux, d'où il est facile de tirer la conclusion que les forces digestives sont beaucoup plus énergiques dans les bêtes à cornes de petite taille que chez celles qui sont plus fortes.

Le rapport du poids net au poids vif du bœuf de boucherie

varie avec le degré de graisse et la race de l'animal; toutefois, on peut admettre qu'en moyenne :

200 kil. de bête vive = 100 kil. de viande nette pour la bête maigre;
— — = 110 à 120 kil. pour la bête mi-grasse;
— — = 120 à 130 kil. pour la bête fine-grasse.

Quant au rapport des différentes parties de l'animal, il varie peu; le voici calculé pour un bœuf gras de 500 kil. :

344 kil.		viande nette;
45	1/2	graisse libre;
30	1/2	peau et cornes;
15	1/2	tête sans peau et langue;
7		pieds depuis le genou avec les sabots;
5	1/2	poumon, cœur et thymus;
17	1/2	foie, rate et estomac;
13	1/2	sang;
19	1/2	intestins avec les déjections;
1	1/2	de perte;
500 kil.		

La peau pèse 20 à 25 kil. chez les bœufs de 3 à 4 1/2 quintaux, 27 à 35 kil. chez ceux de 4 1/2 quintaux à 5 quintaux, 40 à 50 kil. chez ceux de 5 1/2 quintaux à 8 quintaux, ce qui prouve qu'elle est en rapport direct avec l'étendue du corps, ainsi que tout le faisait prévoir. Nous ferons la remarque inverse pour le poids du squelette qui pèse 10 à 12 p. 100 du poids total des bœufs de 2 1/2 quintaux à 3 quintaux, tandis qu'il s'élève à 20 p. 100 de celui des bœufs pesant 6 à 8 quintaux; tout donnait à croire qu'on trouverait l'inverse et que les chairs seraient beaucoup plus développées chez les bêtes de grosse race que chez les petites. La différence apparaît dans le sens que nous venons d'indiquer, sous l'influence de l'engraissement; car, tandis que le squelette est à celui de l'animal :: 12 1/2 : 100 dans le bœuf maigre, il descend beaucoup après l'engraissement, et devient :: 7 : 100.

Le plus gros animal domestique après le bœuf est : le cheval.

Depuis fort longtemps, on s'est beaucoup occupé du *cheval.* Tout une volumineuse littérature s'attache à l'étude de cet animal, bien fait pour attirer l'attention de l'homme, auquel il fournit la force et la vitesse, comme le chien lui prête l'odorat si fin qui lui manque; le cheval et le chien sont deux êtres complémentaires de l'homme; telle est la raison pour laquelle il s'en est fait, non pas des serviteurs, mais des amis. Qu'on lise les pages inspirées que Job a vouées à ce noble animal, celles tout aussi brillantes que Buffon lui a consacrées, et on comprendra toute la passion avec laquelle on peut s'y attacher.

La mâchoire du cheval étant complètement garnie de dents, il n'est pas ruminant. Son estomac est petit; mais son tube intestinal, fort long, est très-volumineux. Il ne craint pas le foin le plus dur et le plus coriace, quoique son ventre se ballonne alors assez pour qu'il en devienne disgracieux; aussi a-t-on soin d'éviter cet inconvénient pour les chevaux de luxe, auxquels on donne, dans ce but, une nourriture plus substantielle.

Le groupe des chevaux se divise en deux familles comprenant, l'une les chevaux à queue nue garnie d'une touffe de poils à son extrémité, et à laquelle appartiennent l'âne, le zèbre, le couagga et l'hémione, que M. I. Geoffroy Saint-Hilaire a complètement acquis à l'agriculture d'Europe, tandis que dans l'autre, où se trouvent les chevaux à queue garnie de crins depuis sa base, il n'y a que le cheval ordinaire. Il est assez curieux que le même fait se présente dans la classe des ruminants, où le yak seul a la queue garnie de crins depuis sa base, et qu'il soit très-rare chez tous les mammifères, où on ne trouve guère la queue garnie de crins que chez le chameau et l'éléphant.

On vient de découvrir dans le nord de la Chine une nouvelle espèce de cerfs à queue garnie de crins, en sorte que pour les ruminants il y aurait deux exceptions, au lieu d'une. Cependant, je ne puis l'affirmer, n'ayant pas vu encore le cerf envoyé par le père David au Jardin-des-Plantes.

L'*âne* est au cheval à peu près ce que la chèvre est à la

vache, pour les services qu'ils rendent, et non pas pour les rapports zoologiques, car sous ce dernier point de vue il n'est pas possible de distinguer l'âne d'avec le cheval; aussi s'unissent-ils et produisent-ils entre eux, mais des mulets stériles, parce que l'ânesse porte beaucoup plus longtemps que la jument.

Il y a en Catalogne des ânes noirs aussi grands que les chevaux de moyenne taille. Ce sont d'excellentes bêtes pour la selle et le trait, faciles à nourrir, jamais malades. L'intelligence des ânes est beaucoup plus développée que celle des chevaux; aussi est-il nécessaire de les traiter avec la plus grande douceur. L'ânesse est excellente laitière; elle donne jusqu'à deux litres de lait par jour.

A l'état sauvage, les chevaux s'accouplent déjà, à trois ou quatre ans, vers la fin de l'été; la jument porte 11 mois et 5 à 10 jours, et ne met bas qu'un seul petit qu'elle soigne avec la plus grande tendresse, et dont la croissance est si lente qu'elle ne s'achève qu'à cinq ans.

Plus vif que le bœuf, le cheval est moins fort et moins patient que lui; son sabot étroit et haut lui fait craindre également les terres pierreuses où il glisse, et les marais où il s'enfonce; il est destiné à le porter dans les vastes plaines sèches de toutes les parties du monde, où il pullule et où aucun animal ne peut le remplacer, tant sa vitesse et sa docilité sont grandes. Le cheval est plus robuste que le bœuf; il craint moins les fatigues et la mauvaise nourriture que lui; il est aussi moins sensible aux brusques changements de température, qui ont une si fâcheuse influence sur les troupeaux de bêtes à cornes.

Avant de passer à l'énumération des qualités requises des chevaux destinés à la multiplication, rappelons que ce qu'on demande d'un bon cheval, c'est de la force, de la vitesse, une grande résistance à la fatigue, une robuste santé, de belles formes et une robe de couleur agréable. L'élève du cheval est profitable dans tous les pays secs, car dans ceux qui sont humides, il est impossible d'élever un cheval fin; on fait toujours bien d'élever soi-même ses chevaux, parce qu'on est sûr de ce qu'on a, et que des bêtes habituées au sol sont infiniment plus robustes que celles qu'on y amène d'ailleurs.

Les chevaux destinés à la reproduction ont la tête petite, les narines ouvertes, les yeux grands et la pupille bleue; quand elle est grise, les chevaux prennent facilement la cataracte, et lorsqu'elle est d'un noir mat, elle dénote généralement un caractère stupide. Les oreilles sont petites, droites, rapprochées, le cou fin et suffisamment long, sans l'être trop; la poitrine et les épaules larges, le corps cylindrique, l'épine du dos bien droite, la queue haute, les pieds fins, les sabots arrondis, hauts et largement ouverts au talon, ce qui leur donne beaucoup d'élasticité. Les veines doivent êtres saillantes à la tête et aux jambes, la peau fine, la chair ferme et élastique, les os fins, le poil soyeux, élastique, brillant, court et couché. La taille moyenne est préférable à la grande, qu'accompagne toujours la disposition lymphatique; enfin le caractère doit être souple, docile, et l'humeur gaie.

Les races de chevaux se divisent en *nobles* ou orientales, et *communes* ou occidentales, qui sont généralement beaucoup plus lourdes; il est probable cependant qu'elles dérivent toutes d'un même type sauvage; ce qui le rend probable est l'énorme influence que le sol exerce sur le cheval dont chaque pays, pour ne pas dire chaque localité, possède une variété spéciale. En Suisse, la race des hauts plateaux est de moyenne taille, trapue, parfaite sous tous les rapports, tandis que celle des basses plaines est grosse, lourde, laide, peu intelligente et couverte de poils qui s'allongent quelquefois assez pour cacher en totalité le large sabot plat de ces animaux, dégénérés. Dans les maigres pâturages des îles Shetland, de l'Islande, de la Corse et de la Sardaigne, on rencontre la chétive, mais gracieuse et vigoureuse race des poneys ou chevaux nains qui, dans les steppes des kirghises, se couvre d'un long poil frisé analogue à celui des moutons. Il existe des races gigantesques de chevaux partout où de gras pâturages couvrent de vastes plaines; on les trouve en Flandre, en Normandie, dans le sud de l'Angleterre; ces énormes animaux sont très-forts, mais mous; leur sabot est toujours malsain, plat et fendillé, en sorte qu'ils sont plus sujets que les autres aux maladies des pieds.

C'est à quatre ans qu'on permet aux chevaux de s'accoupler; le rut dure 8 à 14 jours et se répète à plusieurs reprises; on conserve jusqu'à 16 et même 20 ans les reproducteurs; mais on n'obtient, de chaque jument, que 6 à 10 poulains au plus. Il faut un étalon pour 30 juments; il est important de faire travailler les reproducteurs, tant afin de conserver leurs forces que pour qu'ils ne s'engraissent point, parce qu'ils deviennent alors stériles. La monte s'effectue de mars en mai, en sorte que les poulains naissent d'avril en juin, à l'époque où on est le moins chargé d'ouvrage; on ferait bien de l'accélérer, un peu, afin que les poulains trouvassent de l'herbe plus tendre et plus fraîche.

Pendant les quatre prémiers jours qui suivent le part, il ne faut guère donner à manger aux juments que de la farine délayée dans de l'eau; ensuite elles reçoivent du foin, de la paille, de l'avoine concassée et de l'orge aussi concassée, mais dans le cas seulement où elles n'ont pas assez de lait. Déjà, deux semaines après le part, on peut appliquer les juments à des travaux légers, pourvu qu'on laisse téter le poulain toutes les trois heures; l'allaitement dure six mois entiers; en l'abrégeant, il est impossible d'obtenir de beaux et forts chevaux, et on quadruple les chances de mortalité des poulains. Toutes les fois qu'on le peut, on conduit les juments avec leurs petits sur des prairies sèches exposées au soleil, mais bien abritées contre les vents. On sèvre avec précaution, très-lentement, et on donne à chaque poulain 2 à 2 kil. 1/2 de bon foin et 1 kil. d'avoine par jour; on les fait promener aussi souvent que le temps le permet. Les poulains passent leur premier hiver, libres, dans une écurie chaude où on leur donne leur fourrage et l'eau; ils passent la seconde année dans un pâturage sec, et lorsqu'on les rentre en automne, on isole les sexes et donne à chaque individu 2 kil. d'avoine, 4 à 5 kil. de foin par jour, et deux fois par mois du sel. En été, on leur donne du vert de trèfle, luzerne ou sainfoin, et on les abreuve après qu'ils ont mangé, en ayant soin que l'eau ne soit pas trop froide. Dès leur troisième année, chaque bète reçoit au moins 3 kil. d'avoine, et on les soumet à la castration. A quatre ans, chaque cheval reçoit par jour 7 à 8 kil. de foin et 4 à 5 kil. d'avoine; on l'emploie à de légers travaux, et il est adulte à cinq ans.

Un cheval de trait adulte, de moyenne taille et en bon état, comme doivent l'être tous ceux de ferme, exige 4 à 5 kil. d'avoine, 5 à 6 de foin, 1 à 2 de paille hachée et 2 kil. 1/2 de paille de litière par jour; le rapport des aliments est donc, pour 10 d'avoine, 12 de foin et 4 de paille hachée. Le cheval de selle reçoit 5 à 6 kil. d'avoine, 3 de paille longue, 1/2 kil. de foin et 1 kil. de paille hachée; ceux de la cavalerie autrichienne, qui sont justement renommés par leur bon état et leur durée, sont nourris avec 5 kil. de foin et 3 d'avoine. Pendant la campagne de France, les chevaux de guerre prussiens recevaient 5 kil. 3/4 d'avoine, 1 kil. 1/2 de foin et 1 kil. 1/2 de paille. On donne aux gros chevaux de roulage 7 à 8 kil. de foin, et 9 à 12 d'avoine. On fourrage trois fois par jour; on donne d'abord le foin, puis la moitié de la portion d'avoine et de paille; on abreuve et donne ensuite l'autre moitié de la portion; on fait de même à midi et le soir. Quand l'ouvrage est passablement fort, on donne 8 kil. de foin, 4 d'avoine et 1 de paille; lorsqu'il est très-pénible, 3 kil. de foin, 6 d'avoine et 3 kil. de paille hachée.

La meilleure paille à donner longue est celle d'avoine, tandis que celle de froment et de seigle se donne hachée.

Les chevaux de travail ne doivent jamais recevoir seulement du vert, parce qu'il les affaiblit trop; il est dangereux aussi pour les poulinières, dont il provoque facilement l'avortement, parce qu'il leur donne la diarrhée; en échange, il est bon de donner du vert en petite quantité, 50 à 60 kil., à tous les chevaux, parce qu'en les purgeant il débarrasse leurs intestins des calculs qui s'y forment presque toujours et qui les font périr, si on ne parvient à les expulser avant qu'ils aient acquis un volume trop considérable. La transpiration augmente beaucoup sous l'influence du vert, comme de toute alimentation débilitante.

Un cheval échauffé ne doit boire qu'après qu'il a mangé, et encore faut-il éviter de lui offrir de l'eau très-froide, si on veut éviter qu'il ne prenne la toux ou un refroidissement.

L'avoine est une nourriture excellente dont le cheval a besoin dans les pays tempérés et froids ; on la remplace dans l'Europe méridionale, et surtout en Hongrie, par le maïs, en Angleterre par les féverolles, tandis que dans les pays chauds, on lui substitue l'orge qu'on lui donne en épis avec une tige longue de 10 à 12 centimètres ; cette alimentation rafraîchissante, quoique nutritive, lui convient à merveille. L'expérience directe prouve que de tous ces grains, le plus facile à digérer est l'avoine, puis l'orge ; on ne les donne point seuls, mais mêlés avec de la paille hachée, après qu'on les a concassés ou ramollis dans l'eau. Lorsqu'on donne l'avoine telle quelle, les chevaux en perdent beaucoup qui passent dans les déjections. Pour éviter ces pertes, on a moulu l'avoine, mais alors elle n'excitait plus, sans doute parce qu'elle était digérée trop vite. Par contre, on a obtenu tout ce qu'on attendait de l'avoine simplement concassée.

Les pommes de terre ne valent rien pour les chevaux qu'elles empâtent et affaiblissent ; il en est tout autrement des carottes, qui valent un cinquième de leur poids de foin et donnent aux chevaux un aspect de santé, un poil lisse et brillant qu'il est difficile d'obtenir d'une autre manière. Le regain ne vaut absolument rien, parce qu'il pousse trop à la graisse ; on doit l'éviter à tout prix.

Chaque cheval reçoit 15 à 20 gr. de sel par jour ; on en augmente la dose lorsqu'on lui donne des fourrages mouillés, et on y ajoute un peu de nitrate potassique dans les localités où les chevaux prennent facilement l'eau aux jambes. Les fourrages fermentés ou cuits sont nuisibles aux chevaux, comme aussi toutes les nourritures fort aqueuses. Les tourteaux de lin donnés à la dose de 1 à 2 kil. par jour nourrissent bien et contribuent à lisser le poil ; on ne peut en recommander assez l'emploi.

Matin et soir les chevaux sont étrillés avec le plus grand

soin; il faut aussi les baigner en été, et les laver dans les autres saisons toutes les fois que cela devient nécessaire.

Quand le temps est humide, on couvre les chevaux de toile cirée; lorsqu'il est très-froid, on emploie, dans le même but, de grossières couvertures de laine dont on les couvre aussi, après les avoir soigneusement essuyés, quand ils sont ruisselants de sueur; on les laisse ainsi couverts jusqu'au moment où leur poil est absolument sec.

Chaque cheval veut à l'écurie une place de 3 mètres de long sur 2 de large et 4 de haut; l'écurie doit être aérée et très-bien éclairée; on la nettoie deux fois par jour, et il faut un valet pour panser quatre chevaux.

On obtient de chaque cheval, en moyenne, 260 jours de travail et 53 quintaux de fumier.

Quand on ménage les chevaux, ils restent en pleine valeur jusqu'à vingt ans au moins. J'ai vu une jument noire du Jura faire encore un bon service de voiture à 35 ans.

En Allemagne, on admet qu'il faut deux chevaux pour l'exploitation d'un domaine de 24 à 30 hectares, quand la terre en est légère, tandis qu'ils ne peuvent travailler que 18 à 24 hectares au plus quand la terre est forte et lourde. Un cheval fait presque autant d'ouvrage que deux bœufs.

Un cheval de moyenne taille, travaillant 8 à 9 heures sur les 24, peut porter 100 kil., en traîner 1,000 sur une route unie et horizontale, 10,000 sur un chemin de fer, et 55 à 60,000 sur un canal. Les voituriers donnent 6 à 700 kil. à traîner à chaque cheval sur les bonnes routes, tandis que dans les fermes on ne charge que 5 à 700 kil. sur une voiture à deux chevaux, et 9 à 1,200 quand elle est attelée de quatre chevaux.

La viande de cheval est très-coriace lorsqu'elle provient, comme c'est généralement le cas, de bêtes âgées; celle des jeunes chevaux est bonne; on a cependant de la peine à s'y habituer, parce qu'elle possède un goût douceâtre tout particulier. On en fait une grande consommation en Danemark et en Suède; dans ce dernier pays, on la sale et on la donne avant le dîner en même temps que le Porto, pour ouvrir l'appétit.

Si nous ne disons rien de l'âne, ce n'est pas que nous méprisions ce fidèle et économique serviteur. On soigne l'âne comme le cheval; mais comme il est beaucoup moins délicat, on choisit moins aussi ses aliments, qui sont assez grossiers. Le lait d'ânesse, souvent ordonné aux personnes faibles, est formé de :

Caséine et albumine..............	1,8
Beurre.........................	0,2
Sucre..........................	6,1
Sels...........................	0,3
Eau............................	91,6
	100,0

Sa composition varie, du reste, beaucoup, ainsi que le prouve une autre analyse, p. 86.

Le *mouton domestique* a une origine tout aussi problématique que les autres animaux de la ferme; il est probable que ses variétés les plus saillantes correspondent aux trois espèces de mouflons qu'on connaît actuellement : le mouton ordinaire descendrait du mouflon de Corse et d'Espagne; le mérinos, du mouflon à manchettes d'Afrique, et les races à grosse queue et larges fesses descendraient de l'argali d'Asie.

On admet que l'éducation des moutons n'est avantageuse que dans les pays où les terres sont à très-bas prix; cela est vrai lorsqu'on vise à la production de la laine; mais dès qu'on tient à tirer des moutons, outre la laine, aussi de la chair et du lait, le mouton paie largement son entretien partout. Cela est si vrai, que dans le midi de la France beaucoup de propriétaires substituent des moutons de grosse race aux vaches, parce qu'ils ont reconnu que leur produit est de beaucoup plus considérable que celui de ces dernières. Près de Toulon, à Aubagne, où les terres sont excellentes, les moutons pèsent 18 à 20 kil. et donnent 3 à 4 kil. de bonne laine ordinaire, valant 110 fr. les 100 kil. Chaque brebis donne 1 à 2 agneaux qu'on tue à 1 ou 2 mois, après quoi on en tire 1 litre de lait par jour pendant 8 à 9 mois ; ce lait est tellement gras, qu'il faut l'étendre d'autant d'eau pour pouvoir le boire, en sorte qu'il vaut autant que deux litres de lait de vache. Ils mangent 1 kil. 1/2 à 1 kil. 3/4 de foin par jour et sont abattus à 3 ans. Les brebis font leur première portée à 1 an et pâturent durant les six mois d'hiver, avantage qu'elles n'auraient certes pas au Nord, où le bénéfice net, quoique réduit, serait encore bien beau. Ce qui a complètement ruiné l'élève du mouton, c'est la fatale idée qui a fait de lui un producteur de laine fine ; à force de poursuivre cette idée, on a fait de cet animal, naturellement robuste, une chétive créature difficile à nourrir, et dont la vie n'est qu'une maladie plus ou moins longue ; mais on a obtenu une laine fine comme de la soie : c'est ce qu'on voulait. Voilà où on arrive avec les idées fixes quand on les poursuit sans vouloir tenir compte des causes qui peuvent réagir d'une manière fâcheuse sur le but qu'on veut atteindre. La question de l'amélioration des bêtes à laine est donc à reprendre dans toute son étendue, parce qu'il s'agit de leur faire produire du lait, de la chair et de la laine, tout en leur conservant leur vigueur primitive.

Ce but, poursuivi depuis quelques années avec autant de persévérance que d'intelligence, a conduit à des résultats presque complets. Actuellement on a des mérinos dont le développement est achevé à un an, faciles à engraisser, dont la viande est très-bonne et la laine abondante, quoique d'une finesse moyenne.

Les moutons vivent 15 à 20 ans ; mais on les abat en général à 12. On en possède une foule d'espèces et de variétés qu'on divise en races de montagne à jambes courtes, et races de plaine à longues jambes. Certaines races ont la laine frisée comme les mérinos, tandis que d'autres l'ont longue et bouclée, comme les moutons anglais de Dishley ; la plupart d'entre elles ne font qu'un petit ; d'autres, comme la barbarine du midi de la France, en mettent bas deux et même trois.

Le mérinos d'Afrique est le type des moutons à laine fine ; il lui faut une terre sèche et chaude ; il pèse de 30 à 40 kil., a les os gros, la toison fine, serrée et excessivement grasse, l'œil énorme, les cornes fortes, le ventre gros, la vie plus longue et le rut plus tardif que le mouton commun. En Espagne, les mérinos passent l'été sur les montagnes, et l'hiver dans la plaine; il y en a plusieurs variétés. Celle qui fournit la laine la plus fine est appelée espèce *électorale ;* ses produits sont tout aussi fins que la laine cachemire, mais très-peu abondants.

Le mouton ordinaire à laine grossière est répandu dans toute l'Europe, où il se présente avec toutes les couleurs, depuis le blanc jusqu'au gris, au brun et au noir le plus foncé; il pèse généralement 30 à 40 kil. et fournit 1 à 2 kil. de laine. Le petit mouton à l'aide duquel on utilise les misérables landes couvertes de bruyère du nord de l'Allemagne pèse 10 à 20 kil., et ne donne que 500 gr. à 1 kil. au plus d'une laine grossière souvent mêlée de jarre. Le mouton anglais, dont la laine, presque droite, atteint de 25 à 35 centimètres de long, est un des plus aptes à la graisse; son poids atteint souvent 60 kil., dont il y a 12 de suif; il exige une alimentation aussi abondante que succulente. La laine brillante et soyeuse de ces beaux animaux pèse jusqu'à 4 kil.; elle n'est bien parfaite que sous l'influence du pâturage; la bergerie la rend rude. Les énormes moutons de la Hongrie et de la Russie méridionale ont les jambes très-longues et les cornes contournées en tire-bouchons, dirigées horizontalement et plus souvent encore verticalement chez les béliers, auxquels elles donnent un étrange aspect; leur laine grossière et peu abondante est disposée en mèches ou boucles très-brillantes, longues de 15 centimètres. Cette belle et bonne race, employée à la production de la chair et du lait, est remplacée partout par les mérinos; il serait donc à propos de l'introduire dans les pays où la production de la chair et du lait est plus importante que celle de la laine, qui menace de la faire disparaître des steppes autrichiennes et russes.

La grosse race des fertiles plaines de l'Allemagne, de la Hollande et de la Lombardie, pèse 60 kil.; ses oreilles sont pendantes, sa laine longue; elle fait 2 à 3 agneaux, et donne 1 litre d'excellent lait. Les gros moutons à tête noire qui peuplent le Haut-Valais ont beaucoup d'analogie avec cette race, dont ils diffèrent par l'énorme développement de leurs cornes.

Parmi les autres races, on trouve en Perse celle à grosses fesses; dans le nord de l'Afrique, celle à grosse queue, et enfin, en Caramanie, dans l'Asie-Mineure, une race énorme qui doit atteindre la taille d'un petit cheval et fournir 12 kil. de laine.

La race de Perse qu'on élève dans toute l'Arabie-Heureuse, d'où les vaisseaux l'amènent souvent en Europe, est de moyenne taille, et noire et blanche. Ses os sont très-fins, et son développement musculaire et graisseux vraiment incroyable. C'est, sans contredit, la meilleure race à viande. Son poil épais est rude ; mais en dessous existe un duvet brun, d'une finesse extraordinaire, et avec lequel on pourrait faire des tissus plus fins que les cachemires. Comme elle est robuste, fertile et très-bonne laitière, je ne puis assez la recommander à l'attention des éleveurs.

Le rut a lieu en automne; il ne dure que 24 à 48 heures au plus et se répète plus tard; mais la conception n'est sûre que lorsqu'on y satisfait dès qu'il se déclare. Il faut 1 bélier pour 25 brebis, et il ne doit en saillir que 4 dans les 24 heures. Comme la gestation dure 5 mois, les agneaux conçus de décembre en janvier naissent de mai à juin, et trouvent, outre de l'herbe fraîche et très-abondante, une température douce qui est favorable à leur développement; il naît autant de mâles que de femelles. On ne permet l'accouplement des races ordinaires qu'à deux ans, et celui des mérinos qu'à trois.

Si on vise à la laine, il faut que les moutons ne soient pas disposés à la graisse, et qu'ils ne présentent de jarre ou poils courts sur aucune partie du corps; il faut, de plus, que leur santé soit aussi vigoureuse que le comporte la finesse de leur laine, qui est malheureusement incompatible avec une complexion robuste. Quand les oreilles de l'agneau sont longues et fines, sa laine aura une grande finesse ; si elles sont nues, sa toison sera peu touffue ; elle sera au contraire serrée si les oreilles sont couvertes de laine. Quand les os de la tête sont gros et saillants, la toison devient lâche et inégale.

Les moutons à laine fine sont tellement faibles, que sur 100 agneaux, on en perd 10 avant 1 an, et de 1 an à 6, 5 p. 100 du troupeau dans les cas les plus favorables. Il y a 10 brebis stériles sur 100, ce qui n'arrive jamais aux races communes. Dès que l'agneau est né, on le fait téter; l'allaitement dure trois ou quatre mois; dès la seconde semaine, on offre aux agneaux du regain avec un peu de son, et à deux mois on les châtre et leur coupe la queue. Chaque agneau sevré reçoit 750 gr. de foin, avec un peu de son, et deux fois par jour de l'eau bien pure; on isole les sexes qu'on conduit au pâturage; on tient dans des bergeries bien aérées et éclairées, où huit agneaux occupent 12 mètres carrés. A un an, chaque bête exige 2 mètres carrés; la nourriture doit être abondante, et la température de la bergerie au-dessous de + 14° C, sans jamais descendre jusqu'à 0.

Habiller les moutons avec de la toile augmente de 110 gr. le poids de leur toison, sans qu'elle en devienne plus fine; aussi a-t-on complètement abandonné cette pratique.

Comme l'usage du vert donne facilement la diarrhée aux agneaux, on fait bien de leur donner du foin avant de les conduire au pâturage; c'est pour leur éviter la même maladie qu'on se garde bien de leur donner des betteraves et des pommes de terre crues.

A la bergerie, où on nourrit les moutons comme les bœufs, ils reçoivent, suivant leur grosseur, 5 à 7 kil. d'herbe verte mêlée à 1/2 kil. de paille, ou bien 1 kil. de bon foin par bête de 30 kil. Pour qu'un mouton prospère, il exige 3 1/2 p. 100 de son poids vif en bon foin; il en faut 3 2/3 lorsqu'il allaite, ce qui porte la ration quotidienne à 1 kil. 125; on peut donc nourrir 10 moutons avec le fourrage nécessaire à un bœuf de moyenne taille. On abreuve le matin et le soir, avant que de fourrager. En Saxe, chaque mouton reçoit à la bergerie 4 à 5 kil. de trèfle vert, et comme les agneaux y ont atteint leur plein développement en un an, il est clair qu'il est une fois plus rapide qu'au pâturage. Les moutons tenus enfermés donnent en moyenne 250 gr. de laine de plus que ceux qu'on laisse pâturer; mais elle est moins nerveuse; ils fournissent aussi 1 quintal à 1 quintal 1/2 de fumier de plus; somme toute, il n'y a d'avantage à faire pâturer les moutons que là ou les prés sont à très-bas prix, comme dans les pays de montagnes.

Il faut que les pâturages soient très-secs et garnis d'arbres qui puissent garantir les moutons contre le soleil ; on ne conduit les bêtes au pâturage que quand la rosée a disparu, parce qu'elle les dispose à la pourriture et à la météorisation ; il faut leur donner du foin avant de les conduire sur les trèfles et autres fourrages succulents. Quand les pâturages sont fort étendus, on y bâtit de vastes hangars sous lesquels on met les moutons à l'abri de la pluie, qu'ils craignent surtout lorsqu'elle est froide, et à laquelle ils doivent une foule de maladies putrides telles que la cachexie, qui a moissonné l'an dernier la plupart des bergeries du nord de la France. Les fourrages chargés de poussière, comme ceux du bord des routes, sont mauvais et quelquefois malsains, suivant la nature du sol.

Chaque mouton boit 1 kil. à 2 1/2 kilogr. d'eau par jour ; il peut cependant en boire moins et même s'en passer tout à fait durant un temps assez long.

Le sel est encore plus indispensable aux moutons qu'aux autres bestiaux, à cause de leur nature lymphatique, qui les expose à toutes les maladies putrides ; on leur en donne 15 à 20 grammes par semaine, et on augmente la dose durant la saison humide. Afin d'apprécier l'action qu'exerce ce précieux condiment sur la santé des moutons, on prit en 1813, 14 et 15, chaque année, 10 agneaux d'un troupeau de Bohême, et on les éleva sans sel, comparativement au reste du troupeau qui en recevait, et qui ne présenta rien d'extraordinaire. En 1813, on perdit 5 des agneaux mis en expérience, et les 5 autres étaient malades ; en 1814, il en périt 7, et en 1815 tous moururent : huit de la pourriture, comme les précédents, et les deux autres du tournis ; cette expérience est concluante, puisqu'elle a été suivie pendant trois ans, toujours avec le même effet. Elle tend à faire envisager le sel comme facilitant l'absorption de l'eau du corps et comme un puissant antiseptique. Quand l'année est humide, on ajoute au sel des baies de genièvre, de la poudre de gentiane, du tourteau de colza, ou même de la suie, ce qui empêche les moutons de contracter la pourriture.

Il faut par jour 250 grammes de paille pour la litière d'un mouton qui passe la journée au pâturage; on lui en donne le double lorsqu'il reste à l'étable. Un berger suffit pour garder 300 moutons.

Les moutons adultes ont besoin de 2 mètres 1/3 à 2 mètres 2/3 carrés de surface dans la bergerie; il en faut 3 à 3 1/3 pour une brebis avec son agneau.

Les meilleurs râteliers sont hexagones, à barres un peu inclinées en dedans et fond relevé en cône, de manière à ce que le fourrage arrive spontanément aux barres et à ce que le foin ne puisse pas tomber sur le cou des moutons.

On fourrage les moutons trois fois par jour et les abreuve matin et soir.

Quand le foin manque en hiver, il vaut infiniment mieux vendre les moutons que de les mal nourrir, parce que la laine devient faible, inégale, et gâte toute la toison; dans ces cas fâcheux, on remplace le foin par de la paille et des racines, ou de la paille et du grain, en évitant celui du seigle qui constipe. Quand les moutons sont mal nourris, ils s'arrachent la laine et la mangent, ce qui occasionne des pertes énormes.

Les moutons qu'on engraisse reçoivent en général 2 à 3 kil. de racines cuites, 1/2 kil. de foin, de la paille à discrétion et 10 à 15 gr. de sel.

Il est nécessaire de les tenir au chaud pendant ce temps, ainsi qu'on s'en est assuré directement en divisant une partie de moutons en trois lots, placés : l'un au grand air, le second dans un hangar ouvert et le troisième dans une bergerie close, où tous reçurent pendant l'hiver de la nourriture en excès. Les premiers perdirent un peu de leur poids initial; les seconds augmentèrent sensiblement; les troisièmes seuls engraissèrent.

Avant la tonte, c'est-à-dire vers le mois de juillet, on lave les moutons en les trempant d'abord dans l'eau tiède et les lavant ensuite dans l'eau courante, afin d'enlever à leur toison toutes les saletés que l'eau peut en détacher ; cette opération, usitée dans l'Europe orientale, ne se fait jamais dans les pays froids, à cause des refroidissements auxquels elle expose les animaux dont on conserve la toison en suint, ce qui la garantit contre les insectes ; les béliers et les moutons donnent plus de laine que les brebis.

Le produit qu'on regarde comme le plus important des moutons est leur laine ; les mérinos donnent 3 kil. de laine brute en moyenne ; cette quantité monte à 5 kil. pour la grosse et belle race de Rambouillet ; à un an ils n'en fournissent que 2 kil. ; cette quantité s'élève à 2 kil. 1/2 à deux ans, puis à trois ; 100 kil. de laine brute se réduisent, par le lavage avec de l'eau à 40° C, à 36 kil., qui, après avoir subi toutes les opérations préliminaires à leur filature, descendent à 29 kil. Quand on lave la laine à dos, elle ne perd que 56 p. 100 de son poids ; dans ce cas, le rapport moyen des moutons est de 1 kil. 1/2. Les moutons donnent d'autant moins de laine qu'elle est plus fine, parce qu'ils sont d'autant moins forts que la laine est plus déliée. Tondre les moutons deux fois par an est aussi coûteux qu'inutile ; il est dangereux de la leur arracher, comme on le fait aux îles Hébrides, tant parce qu'on blesse les bêtes que parce qu'on gâte et salit la laine. Il faut 98 kil. de foin pour produire 1 kil. de la laine électa la plus fine, 80 kil. pour donner autant de laine de première qualité, 68 kil. pour la seconde qualité, et 58 seulement pour la troisième : en moyenne, on compte que 80 kil. de foin donnent 1 kil. de laine fine.

Les brebis à laine fine donnent trop peu de lait pour qu'on l'utilise ; il n'en est pas de même des races communes, qui en fournissent, suivant leur grandeur, 1/2 litre à 1 litre par jour ; ce lait excellent est beaucoup trop négligé ; il contient :

Caséine	4,5
Beurre	4,2
Sucre de lait	5,0
Sels	0,7
Eau	85,6
	100,0

quand les brebis sont nourries dans de gras pâturages; mais il est beaucoup plus concentré dans les herbages secs. Une femme trait 25 brebis.

Le poid net du mouton est de 66 p. 100 de son poids vif; 20 kil. de foin en sus de la ration d'entretien produisent une augmentation totale, en laine et chair, de 1 kil., dont un dixième est représenté par la laine.

Chaque mouton fournit annuellement 600 kil. de fumier excellent. Les moutons rendent d'éminents services pour la fumure sur place des terres sur lesquelles on ne peut pas conduire le fumier avec des voitures; ils fournissent alors l'unique moyen de les utiliser avantageusement; on compte qu'un mouton fume en une nuit, très-fortement un mètre carré de terrain, moyennement 1 1/2, et faiblement 2 mètres carrés; il est clair que la fumure est beaucoup plus forte quand la nourriture est abondante que lorsqu'elle est rare. L'effet de cette fumure ne dure qu'un an.

Les *chèvres* sont des animaux qui ont été trop longtemps négligés et auxquels on revient partout où le morcellement du terrain force à en tirer tout le parti possible. Il y a quatre races de ces utiles animaux : celles à laine, celles à duvet, celles à nez busqué et les chèvres ordinaires. Toutes proviennent de bouquetins différents ; c'est au bouquetin des Alpes que nous devons la chèvre commune ; à ceux des montagnes de l'Asie, les chèvres à laine et à duvet, et au bouquetin de la Nubie la chèvre à nez busqué de la Haute-Égypte, qui est la meilleure laitière de toutes.

Quoique très-rapproché du mouton par tous ses caractères, la chèvre en diffère beaucoup par son intelligence, qui est aussi développée que celle du mouton l'est peu. Son poil n'est jamais gras, sa queue jamais pendante, comme celle du mouton; de plus ses pieds, n'ont pas l'odeur forte et musquée qui se dégage de ceux du mouton en quantité telle que les autres bestiaux refusent de manger l'herbe sur laquelle il a passé. La *chèvre du Thibet*, ou de Cachemire, est plus grande que la nôtre; ses cornes sont plates, son poil très-long; c'est à sa base qu'on trouve le duvet si fin qu'on en retire au printemps, à l'aide de peignes, et avec lequel on fabrique les précieux châles des Indes. Comme chacune de ces chèvres ne donne que 100 à 150 gr. de ce duvet et qu'elle ne fournit presque pas de lait, on les a délaissées avec raison.

La *chèvre d'Angora*, qui est répandue depuis le Sénégal jusqu'à la Haute-Égypte, et qu'on trouve depuis Brousse jusqu'au lac Baïkal dans tout l'intérieur de l'Asie, est certainement le plus précieux de tous les petits animaux domestiques, puisqu'à une chair excellente elle joint un lait abondant, et une laine pesant 2 kil., longue, soyeuse et douée d'un admirable éclat satiné. Introduite une fois déjà en France, elle y prospérait à merveille, grâce aux soins du président de la Tour-d'Aigues, quand survint la révolution, qui força à la détruire. Aujourd'hui, la Société zoologique d'acclimatation, à laquelle l'Europe doit déjà tant d'acquisitions précieuses à l'agriculture, l'a réimportée avec succès, et il y en a de nombreux et beaux troupeaux. La laine de cette belle chèvre ne croît qu'en automne et tombe au printemps, en sorte qu'il faut éviter avec le plus grand soin de l'exposer à un froid vif après qu'elle a perdu son manteau ; on s'exposerait à la faire périr au bout de quelques heures. Cette laine, d'autant plus fine que l'animal est plus jeune, sert à tisser une foule d'étoffes mêlées, mais surtout les magnifiques velours dits d'Utrecht.

Les *chèvres de la Haute-Égypte*, quoiqu'un peu plus petites que les nôtres, donnent tout autant de lait; elles sont très-douces, mangent les fourrages les plus coriaces et ne sont pas du tout vagabondes. Leur lait n'a pas d'odeur. Cette espèce, beaucoup plus féconde que la commune, fait trois à quatre cabris, et j'en ai eu neuf en un an d'une de ces chèvres.

La chèvre porte cinq mois ; on n'élève que les chevreaux nés au printemps, en sorte que la monte s'effectue de novembre à décembre. On abat les chèvres à douze ans, et les boucs à trois ; ces animaux fournissent un cuir excellent, le suif le plus dur et une chair passable quand l'animal n'est pas trop vieux.

Les chevreaux de boucherie ne tètent que trois semaines;

ceux qu'on élève, pendant six semaines, au bout desquelles on les sèvre insensiblement.

Chaque chèvre adulte mange 2 kil. de foin, en sorte que 5 chèvres mangent autant qu'une vache de 300 kilogr. et donnent plus de 1/3 de lait de plus qu'elle, ce qui en fait *le plus lucratif* de tous les animaux domestiques.

En effet, depuis le moment du part, les chèvres restent en plein rapport pendant 5 mois; puis leur lait diminue peu à peu, à mesure que la gestation avance; elles donnent en moyenne 260 litres de lait par an, d'où il est facile de conclure que les chèvres fournissent 166 litres de lait avec la quantité de nourriture qu'exigent les vaches pour en produire seulement 100 litres. Il y a plus, car les bonnes chèvres ne tarissent pas, et celles d'Égypte, en particulier, fournissent encore un demi-litre de lait la veille de la mise bas.

Le lait des chèvres contient :

Beurre	3,2
Caséine	4,0
Sucre de lait	5,3
Sels	0,6
Eau	86,8
	1,00,0

Une femme soigne douze chèvres.

On abat les chèvres en toutes saisons, excepté en automne, parce que c'est la saison du rut, qui communique à leur chair un mauvais goût de sauvage. La peau des chevreaux qui n'ont pas encore mangé d'herbe sert à fabriquer les gants glacés; dès qu'ils ont pâturé, elle se garnit de sels calciques qui lui ôtent toute sa souplesse.

A l'étable, pendant six mois, elles y produisent 6 à 8 quintaux de fumier, et la moitié autant lorsqu'elles vont au pâturage pendant le jour.

Le *porc* paraît provenir de deux types différents : les grosses races descendent du sanglier d'Europe; celles de Chine et et de l'Océanie sont dues sans doute à une espèce sauvage encore inconnue. En Afrique, on trouve au Gabon une charmante espèce, petite, à poil brun rouge et oreilles garnies d'un pinceau de poils blancs; en Amérique, il y a les pécaris qui multiplient fort bien au Jardin zoologique de Berlin, qui les répandra sans doute bientôt.

L'estomac de cet animal est grand, son appétit énorme; ses intestins, quoique courts, possèdent une force digestive assez énergique pour que son fumier ne contienne plus de parties organiques solubles; aussi est-il fort peu actif. Peu d'animaux se multiplient aussi rapidement que lui; on a calculé que si 10 truies d'un an produisent chaque année seulement 10 truies, en laissant toujours les mâles de côté, et que leur postérité se multipliât toujours de la même manière, elle serait au bout de 10 ans de 40 millions d'individus au moins. Le porc serait le meilleur producteur de chair, s'il la produisait plus économiquement; mais la nécessité de lui fournir des graines et des racines limite son engraissement aux années d'abondance. A l'état sauvage, les sangliers se nourrissent en hiver presque uniquement des grosses racines charnues des fougères; aussi maigrissent-ils beaucoup pendant ce temps de privations.

Plus docile et plus intelligent qu'on ne le croit généralement, le porc peut être dressé à la chasse comme le chien, dont il possède l'odorat si délicat; il se plie sans peine à porter des fardeaux, et on l'emploie, aux îles Baléares, à tirer la charrue; cet usage est indiqué par la construction du porc dont la force, concentrée dans le devant, est énorme. Le porc utilise parfaitement la nourriture; aussi sa croissance est-elle très-rapide; il mange tout, excepté le foin; c'est à lui qu'on donne aussi les animaux morts par accident, et dont on ne pourrait pas tirer parti d'une autre façon; sa nourriture doit être plutôt humide que sèche; il cherche les endroits humides et ombragés, croît jusqu'à 4 ans et vit 15 à 20 ans. En été, il faut que les porcs aient assez d'eau pour se baigner aussi souvent qu'il leur plaît, ce qui contribue à les maintenir en bonne santé. Peu d'animaux sont aussi propres que le porc; aussi, lorsqu'il est sale, est-ce uniquement parce qu'il est mal soigné. Il a besoin d'une litière chaude et sèche pour se coucher ; dès qu'elle est sale et humide, il en souffre. Ces conditions de santé sont absolument indispensables pour les gorets, que l'humidité tue en peu de jours.

Parmi les races de porcs, les plus importantes sont les suivantes :

La race hongroise ou slave est à demi-sauvage ; ses jambes sont courtes, son corps trapu, sa tête large et courte, ses oreilles droites. A 2 ans, elle pèse 1 1/2 à 2 quintaux, et présente d'énormes lards d'une finesse toute spéciale, due sans doute à ce que son engraissement s'achève dans les forêts de chênes, où elle trouve des glands en abondance. Cette race est très-sujette à la ladrerie, dont la cause est facile à expliquer depuis que M. de Siebold a découvert qu'elle était due à des ténias ou vers solitaires arrêtés dans leur développement, et qui proviennent sans doute des souris que ces animaux mangent, et dont les intestins sont souvent tout garnis de ces terribles parasites. En Suisse, où on élève les porcs à l'étable, la ladrerie est inconnue, tandis qu'elle est épidémique en Franche-Comté où on les laisse vaguer : la ladrerie est donc due à l'invasion de la chair par des vers, qui la rendent aussi dégoûtante que malsaine. Malgré la facilité avec laquelle il s'engraisse, le porc de Hongrie est bon marcheur, ce qui en facilite assez le transport pour qu'on le trouve sur presque tous les marchés de l'Allemagne.

Parmi les porcs des races ordinaires, on appelle petits ceux de 1 à 1 quintal 1/2, moyens ceux de 1 1/2 à 2, et gros ceux de 2 à 6 quintaux. Les gros porcs s'engraissent plus difficilement que les petits, et surtout que les porcs de Chine, qui sont ceux qui s'engraissent le plus vite et avec le plus de facilité. Cette race n'est employée que pour les croisements, parce qu'elle ne fait pas de lard. Toute la graisse est disséminée dans la chair, qui en devient désagréable à manger. Cette espèce est presque nue, tandis que le porc de l'Océanie et des Indes est velu.

Les meilleures sous-variétés sont celles qui s'engraissent le plus rapidement, qui, croissant le plus vite, sont les plus fortes et ont le meilleur appétit ; la race hongroise réunit tous ces caractères; aussi ne peut-on concevoir qu'elle soit aussi peu répandue.

Pour la multiplication, on choisit parmi les jeunes, les plus vifs, ceux dont le dos et le ventre sont larges, le corps allongé et l'appétit soutenu. Ils doivent provenir de parents ayant au moins dix mamelles et en présenter eux-mêmes autant, ce qui est un signe de fécondité, et être exempts de ladrerie. On ne permet l'accouplement que du 8e au 10e mois. Le rut a lieu durant toute l'année; il reparaît trois ou quatre semaines après le part. Le nombre des petits augmente avec les années; les truies ne sont en pleine valeur qu'à 3 ans; elles donnent en moyenne 10 petits par an et portent 16 à 17 semaines. Quand les truies sont près de mettre bas, on leur donne un grand excès de nourriture, afin de les empêcher de manger leurs petits, ce qui n'est plus à craindre quand ils les ont tétées. Quelques jours après la naissance, les jeunes mangent déjà avec leur mère; on les sèvre à un mois, et ceux qu'on conserve pour la multiplication à 1 mois 1/2 ou 2 mois seulement. On châtre pendant l'allaitement ou 15 jours plus tard. Les verrats ne servent que d'un an à quatre, après quoi on les engraisse; il en faut 1 pour 25 truies.

Pendant l'été, chaque porc reçoit 8 à 10 kil. de fourrage vert quand ils pèsent 50 à 75 kil., en sorte qu'ils mangent 4 p. 100 de leur poids en herbe calculée sèche, de préférence trèfle ou luzerne. Un porc de 6 mois boit 16 litres de petit lait ou le résidu de la distillation de 50 kilogr. de pommes de terre. Le pâturage doit offrir aux porcs, outre de l'herbe tendre, de l'eau en abondance et des abris contre l'ardeur du soleil.

Une truie avec ses petits ou deux porcs à l'engrais demandent un espace de 10 à 12 mètres carrés, sur une hauteur de 3 à 4 mètres. La loge doit être sèche, garnie de dalles sur lesquelles on fixe de fortes planches qu'on empêche le porc de fouiller, en lui fendant en haut le cartilage du nez.

Quand on débite facilement les porcs bien en chair, comme cela arrive dans le voisinage des villes, on choisit les races moyennes et petites, tandis qu'on prend les grosses dès qu'il s'agit de produire du lard. Les porcs à lard doivent avoir un au passé, les soies courtes et fines, et le caractère tranquille. Quand les porcs sont maigres, on leur donne d'abord des légumes et des pommes de terre cuites, étendues avec les lavures de vaisselle et du son, et ce n'est que peu à peu qu'on leur donne des aliments plus nutritifs, tels que le maïs, les pois et autres grains, en farine ou concassés. Les grains donnent un lard beaucoup plus ferme que celui qu'on obtient avec les pommes de terre, parce que la graisse des céréales est du suif, et celle des pommes de terre de l'huile; ce fait semble donc établir que la graisse qui se trouve dans les animaux provient de leurs aliments et qu'ils ne la forment pas; mais cette hypothèse tombe devant le fait qu'il faut, pour engraisser un porc hongrois de 200 kil., 600 kil. de glands qui ne possèdent que 3 1/4 p. 100 d'huile; or, comme ces porcs contiennent 84 kil. de graisse, tant en lard qu'en saindoux, et que la nourriture n'en fournit que 19 1/2, il est clair que le porc a dû former une partie de sa graisse aux dépens de la fécule de ses aliments.

On fourrage quatre à cinq fois par jour, depuis 6 heures du matin jusqu'à 10 heures du soir, aussi longtemps que dure l'engraissement. L'essentiel étant d'engraisser vite, on donne au porc autant de nourriture qu'il en peut avaler, mais pas davantage, ce qui pourrait le dégoûter. L'engraissement dure de douze à vingt semaines, et comme on le pratique en hiver, il est beaucoup plus rapide dans des écuries chaudes que sous les toits assez froids où on l'effectue d'habitude. On accélère beaucoup l'engraissement en donnant à manger chaud et en alternant la consistance des aliments qu'on prend une fois liquides, et l'autre épais, ce qui maintient l'appétit.

Quoique l'augmentation de poids varie naturellement beaucoup, on peut admettre qu'il est de 375 à 500 gr. pour les grosses races, et de 500 à 750 pour les petites, et par jour. En Styrie, où on emploie le maïs pour l'engraissement des porcs, on a trouvé que 6 kil. de ce grain en donnent 1 de poids vivant; en Bretagne, on estime qu'un décalitre de sarrazin produit 1/2 kil. de poids vif.

Pour soutenir l'appétit, on donne vers la fin de l'engraissement, avec chaque dose de nourriture, une bonne poignée d'avoine salée.

Le poids net, avec la tête, est évalué à 75 p. 100 du poids vif pour le porc fin gras, dont le saindoux pèse 8 p. 100 et le lard 34 p. 100, en sorte que le porc gras est formé de :

Viande	41
Lard	34
Saindoux	8
Os, intestins, pieds et peau	17
	100

Chaque porc donne 15 quintaux de fumier, en fixant à quatre mois la durée de son engraissement.

Le *lapin* est un petit producteur de chair dont la rapide croissance et la multiplication facile sont étonnantes. Il y en a plusieurs variétés dont quelques-unes atteignent le poids de 10 à 12 kil.; d'autres produisent des poils excessivement fins qu'on peut filer et tisser; on en fait dans le Piémont des bas et des gants: c'est le lapin d'Angora qui est tout aussi robuste que le lapin ordinaire, auquel il est étrange qu'on ne l'ait pas substitué depuis longtemps. Les lapins se nourrissent d'herbes ; ils engraissent très-facilement et ont une chair succulente ; il leur faut des aliments et une écurie très-secs, sans quoi ils périssent de pourriture, de diarrhée ou d'hydropisie.

Les jeunes lapins s'accouplent dès leur cinquième mois ; la femelle porte trente jours et met bas cinq à dix petits dont on ne lui laisse que les six plus forts ; les grosses races pèsent à un an, quand elles sont bien nourries, 4 à 5 kil.

Au Pérou, c'est le cochon de mer qui tient lieu du lapin, et les voyageurs assurent que la chair en est excellente. On pourrait élever dans le même but la marmotte, qui ne coûte rien en hiver, parce qu'elle le passe dans un lourd sommeil; ou le grâcieux chinchilla, gros rat des montagnes du Chili, où on lui fait une chasse à mort, autant pour sa chair que pour son admirable fourrure gris clair, fine comme du velours.

Nous arrivons maintenant aux volailles, dont les plus importantes sont :

Les *poules*. — Il y a quatre espèces sauvages de poules qui correspondent aux quatre races de poules domestiques, qui sont : la poule ordinaire, celle de Bankiva, celle de Cochinchine et celle sans croupion ; toutes sont originaires des Indes orientales. La plus rustique est la poule ordinaire, dont la variété dite de Houdan est aussi remarquable par la facilité avec laquelle elle s'engraisse que par l'abondance et la grosseur de ses œufs, dont elle donne quatre-vingts à cent chaque année ; elle couve bien, est docile et peu vagabonde.

La ration d'entretien des poules est de 5 p. 100 de leur poids en orge ; celle de production s'élève à 8 p. 100 ; en moyenne, 10 à 12 kil. d'orge produisent cent œufs. Il en faut la moitié moins pour obtenir la même quantité d'œufs de la charmante race de Bankiva, qui est la plus féconde de toutes ; elle est malheureusement un peu frileuse ; mais quand on la place dans de bonnes conditions, elle pond tous les trois jours deux fois. La poule de la Cochinchine est la plus grosse de toutes ; elle pond tous les jours ; ses œufs sont assez petits, mais excellents ; elle est bonne couveuse, mais demande une très-bonne nourriture et craint le froid comme la Bankiva ; sa meilleure sous-variété est celle qui a les jambes roses.

Il faut à un coq vingt-cinq poules ; sa présence n'est pas indispensable à la ponte ; mais elle l'accélère et la régularise. L'envie de couver se manifeste chez les poules après le vingtième ou le vingt-cinquième œuf ; elles couvent vingt et un jours douze à quinze œufs, et soignent avec un admirable dévoûment leurs petits, qui peuvent déjà se passer d'elles à cinq ou six semaines. Les coqs coupés s'appellent chapons ; ils ont une forme qui rappelle celle des faisans, dont le plumage leur tombe aussi quelquefois en partage. Bien soignées, les poules s'engraissent en quinze jours. L'éducation des poules n'est jamais très-lucrative, à cause de la haute valeur des grains ; mais elle est indispensable à la ferme, tant parce qu'elles utilisent bien les criblures de grains que parce qu'elles fournissent durant toute l'année, et par leurs œufs, une nourriture aussi saine qu'abondante et commode.

Les œufs ayant une coquille munie de pores, perdent de l'eau au contact de l'air ; cette diminution de poids, peu sensible dès la première semaine, augmente avec la seconde, et surtout avec la troisième, à tel point qu'au bout de trois mois, l'œuf non altéré a perdu en moyenne et chaque jour un millième de son poids initial. C'est sans aucun doute à cette rapide diminution de l'eau dans l'œuf qu'il faut attribuer la stérilité des œufs âgés de plus de quinze jours ; aussi ne faut-il jamais donner à couver que des œufs aussi frais que possible ; alors tous éclosent, et les poulets qui en naissent sont forts. On s'inquiète souvent beaucoup quand les poules quittent longtemps leur nid ; nous ignorons pendant combien de temps elles peuvent le délaisser sans que le germe des œufs en souffre ; mais ce qui est positif, c'est que chaque jours les canes muettes quittent leurs œufs pendant trois à quatre heures sans que la couvée s'en ressente, bien que les œufs deviennent absolument froids. Souvent aussi, nous avons fait couver et vu éclore des œufs de caille abandonnés par leur mère, et qui étaient froids depuis plusieurs heures ; reste à savoir si nous avons eu affaire à des cas exceptionnels.

A quatre ans on tue les poules, parce que leur fécondité diminue beaucoup, quoiqu'elles pondent jusqu'à sept ans. Les poules muent en octobre. Les poules doivent avoir une habitation propre, très-sèche, ainsi que la basse-cour ; de l'eau claire, du sable pour se nettoyer, du gravier pour faciliter leur digestion et du calcaire pour former la coquille des œufs.

Le *dindon* est herbivore ; il est, avec le cygne et l'oie, le seul oiseau domestique qui présente ce caractère d'une manière exclusive ; tous les autres sont essentiellement granivores. Cet oiseau est le plus robuste de la basse-cour ; il passe l'hiver dehors et serait le seul qu'on y tînt s'il produisait plus d'œufs. Les dindes pondent en avril, de deux jours l'un, vingt à trente œufs ; en juin elles font une seconde ponte tout aussi abondante que la première. Il n'y a pas de doute qu'en les nourrissant bien et les tenant dans des étables chaudes, on les ferait pondre davantage ; ce serait une belle et utile conquête pour la ferme, où elles remplaceraient avantageusement les poules. Les dindons préservent les basses-cours des oiseaux de proie, auxquels ils ne cèdent pas ; souvent nous les avons vus les poursuivre et leur faire abandonner leur proie ; une seule fois, une dinde a succombé dans le combat avec un énorme autour, et cela uniquement parce que, masqué par un mur, il la prit par surprise ; à la campagne, il est impossible de préserver la basse-cour des oiseaux de proie, si on n'y tient pas des dindes.

Chaque dinde reçoit quinze œufs qu'elle couve vingt-huit à trente jours ; les petits mangent trois jours après leur naissance ; on les nourrit d'œufs hachés avec des oignons entiers, bulbe et tige ; plus tard on joint à cette pâtée, du pain, des orties, de la laitue et du son. A huit ou dix semaines, les dindonneaux poussent le rouge ; on leur donne alors une pâtée très-nourrissante, et on les tient enfermés sous un hangar ; dès que le rouge est dehors, les dindonneaux sont aussi robustes que leurs parents, et on peut les laisser courir.

Il faut un mâle pour dix dindes.

Le *cygne* pond en février huit gros œufs qu'il couve cinq semaines ; il se nourrit uniquement des plantes aquatiques dont il fait une grande consommation. Les jeunes ne prennent leur beau plumage blanc qu'à deux ans; jusqu'alors ils sont gris foncé. On devrait tenir ce bel et noble oiseau partout où il y a des eaux riches en herbages ; il les utiliserait très-avantageusement. La chair du cygne vaut celle de l'oie ; sa peau garnie de duvet sert à fabriquer des manchons et des houppes à poudre.

L'*oie* présente trois types, savoir : l'oie domestique ordinaire, la grande variété, et l'oie de Sibérie ou oie cygne, qui est la plus grosse et la plus forte. En Suède et dans toute l'Allemagne, l'oie utilise les marais dont elle couvre toute l'étendue ; elle donne lieu, dans ces pays, à un commerce immense et très-lucratif, alimenté par sa plume, sa graisse, et sa chair fumée et salée. En Alsace, c'est le foie de cet oiseau qu'on recherche ; on l'obtient en le bourrant de maïs jusqu'au moment où, surchargée de graisse, l'oie risque d'étouffer. Il faut un mâle pour six femelles ; l'oie s'accouple en février et pond dix à vingt-cinq œufs gros et très-bons ; elle en couve quinze pendant trente à trente-trois jours ; le mâle s'occupe beaucoup plus des oisons que leur mère ; il les conduit et les défend à l'occasion avec courage. Les oisons sont très-faciles à élever avec de la verdure et du son ; il leur faut de l'eau pour se baigner, quoiqu'ils craignent la pluie, aussi longtemps qu'ils n'ont pas de plumes, qui ne leur poussent que de quatre à six semaines ; on les plume de juillet à août, et les vieux en juin et en octobre. Pour la multiplication, on choisit les sujets les plus gros, les plus vifs et les plus forts. La plume est très-recherchée pour remplir les oreillers et les édredons.

Une oie s'engraisse en trois semaines et mange vingt litres de maïs.

Le *canard* rapporte beaucoup là où des eaux riches en végétaux et en insectes lui fournissent l'abondante nourriture qu'il exige. Il faut à un mâle douze canes. Chaque cane pond soixante œufs et même plus, dès le mois de février. Ces œufs sont bons ; mais comme leur blanc se coagule à une température plus basse que celui des poules, les cuisinières les refusent, parce qu'ils ont l'inconvénient de faire trancher les aliments liquides, tels que les sauces dans lesquels on les introduit. Dès qu'ils sont nés, les canetons peuvent se passer de leur mère ; à huit jours, ils savent déjà se nourrir seuls ; bref, c'est l'oiseau de basse-cour le plus facile à élever partout où il trouve de l'eau en abondance.

Le *canard muet*, beaucoup plus gros que le canard ordinaire, est plus délicat que lui, moins facile à nourrir ; mais il recherche moins l'eau, en sorte qu'on peut l'avoir aussi dans des endroits secs. La cane fait deux portées par an, chacune de douze énormes œufs, l'une en avril, l'autre en juin ; elle couve quinze œufs pendant trente-cinq jours et garnit son nid avec le duvet qu'elle s'arrache et dont elle couvre ses œufs toutes les fois qu'elle les quitte, ce qu'elle fait pendant trois à cinq heures, au milieu du jour, sans que sa couvée s'en ressente. Les jeunes nés en juillet commencent à s'emplumer en août, au bout d'un mois ; quinze jours plus tard, leurs plumes sont au complet, sauf les grandes pennes des ailes qui n'apparaissent qu'au second mois ; le rouge pousse autour des yeux vers le quatrième mois ; les oiseaux sont alors adultes et s'accouplent en février suivant. Dans les pays chauds, ces oiseaux pondent toute l'année et produisent énormément.

Peu d'oiseaux s'apprivoisent aussi bien que ces canards, qui n'hésitent pas à suivre très-loin la personne qui les nourrit, et à s'envoler vers elle s'ils l'aperçoivent ; ils sont très-doux, silencieux, et fournissent en abondance une chair excellente lorsqu'on a soin de leur enlever la glande qu'ils ont au-dessus du croupion et qui sécrète l'huile musquée avec laquelle ils oignent et embaument leur riche plumage.

Les *pigeons* appartiennent à deux races, l'une grande, l'autre petite ; cette dernière est très-répandue, parce qu'elle se nourrit seule dans les campagnes ; dans les villes on préfère avec raison les gros pigeons romains qui sont plus difficiles à nourrir, mais dont les produits sont assez réguliers pour qu'on puisse compter qu'ils fournissent douze paires de jeunes par an. Ces oiseaux couvent douze à dix-neuf jours ; ils naissent très-faibles; leurs yeux ne s'ouvrent qu'à neuf jours, et ils ne quittent le nid qu'à un mois; ils sont adultes à six mois; leur chair est très-saine. Il faut à ces oiseaux de l'eau en abondance pour se baigner ; quoiqu'ils mangent tout, c'est la vesce qu'ils préfèrent et qui leur fait aussi produire le plus. La ponte n'est que de deux œufs ; elle se renouvelle tous les quinze jours, quand on les enlève, ce qui permettrait d'en obtenir en un an deux fois plus que quand on les laisse couver ; nous avons eu des romains rouges qui pondaient tous les neuf jours ; en soignant ces variétés, on arriverait peut-être à avoir des pigeons aussi fort pondeurs que les poules.

Les *pintades* sont une précieuse ressource pour les climats chauds, parce qu'elles pondent tous les jours et que leur chair est excellente. Malheureusement, cet oiseau est si querelleur, qu'il n'y a pas moyen de le tenir dans la basse-cour, et qu'on doit le lâcher en rase campagne, où il pond souvent ses œufs.

Les *poissons* ne peuvent vivre que dans l'eau, à moins qu'on ne les tienne dans de la mousse mouillée ou une autre enveloppe humide, qui empêche la dessiccation des lames réunies et frangées placées dans leurs ouïes et qui servent à leur respiration. Ces animaux sont très-gloutons ; tous, excepté les carpes et les tanches, sont carnivores. Comme leurs sens sont fort obtus, à part leur vue qui est perçante, c'est quand l'eau est trouble qu'on fait les pêches les plus abondantes, quand les amorces qu'on attache aux lignes sont bien choisies, ce qui demande une grande connaissance des habitudes de chaque espèce de poissons. Peu d'animaux possèdent une force aussi étonnante que celle des poissons ; les truites remontent les cascades des rivières les plus abondantes en quelques coups de queue; souvent nous en avons vu de jeunes s'échapper en un seul bond par le goulot des bouteilles à moitié pleines d'eau, dans lesquelles nous les avions enfermées.

Presque tous les poissons d'eau douce ne sont adultes qu'à trois ans; ils déposent leurs œufs sur le bord des eaux tranquilles, entre les pierres, afin qu'ils ne soient pas entraînés par les vagues. La ponte les affaiblit beaucoup, ce qui est facile à comprendre, lorsqu'on songe qu'une carpe pond 111,000 œufs faisant la moitié de son poids total, un brochet 16,000 faisant le huitième de son poids, la tanche 14,000, soit un sixième de son poids, et la truite deux centièmes seulement de son poids total. Le temps de la ponte varie avec les espèces et les zones qu'elles habitent. Il est dans l'Europe tempérée et moyenne, de novembre en février, pour le saumon ; d'avril en mai, pour le huchen, l'ombre chevalier et la perche ; d'octobre en février, pour la truite ; de février en avril, pour le brochet ; de mai en septembre, pour la carpe, et de juin en juillet, pour la tanche. Les œufs de brochet éclosent en huit ou quinze jours, ceux de saumon en un ou deux mois, suivant que la température est basse ou élevée. Les jeunes ne nagent que vingt ou trente jours après l'éclosion ; on les nourrit de viande hachée, de débris de cuisine, d'orge et d'avoine cuites, et de légumes. Les poissons croissent très-vite : ainsi, par exemple, les saumons élevés au collége de France, par M. Coste, mesuraient 25 millimètres à deux mois, 43 à trois mois et 95 à six mois.

Chaque femelle ne produit en moyenne que deux cents jeunes : tous les autres sont mangés ou périssent. On tient les poissons de multiplication dans des étangs profonds de deux mètres, à fond herbeux, exposés au soleil et munis d'un courant d'eau régulier et suffisant. Les poissons d'étangs, tels que les carpes, croissent tellement vite qu'à six ans ils pèsent déjà, suivant l'espèce, 1 à 4 kilog. ; il faut s'en défaire alors, parce que le développement se ralentit beaucoup. On place les jeunes bêtes dans d'autres étangs que les adultes, qui les mangeraient, si on les laissait ensemble.

Comme les goujons, les carpes et les tanches avalent tout, même la vase lorsqu'ils ne trouvent rien de mieux ; il faut les tenir dans l'eau courante avant de les manger, afin de leur ôter leur mauvais goût.

Pour peupler avec des carpes un étang d'un hectare, on emploie quatre femelles et deux mâles adultes, dont les petits atteignent au bout d'un an une longueur de 5 à 10 centimètres, et le poids de 8 à 16 grammes. L'année suivante on met les jeunes dans un étang spécial plus grand que celui où ils sont nés, et à trois ans on les place dans le grand étang des adultes. En moyenne, on admet qu'un hectare d'étang peut recevoir 300 poissons d'un an, 200 de deux ans ou 150 de trois ans. A cinq ou six ans, les poissons de chaque hectare d'étang pèsent 150 à 200 kil.

Les tanches sont plus fortes que les carpes, mais elles croissent moins vite ; à six ans, elles ne pèsent pas plus de 1 kil.

Le brochet et la lotte atteignent 4 kil. à six ans.

La truite ne peut être élevée que dans les eaux claires, fraîches et ombragées des montagnes; toutes ces conditions sont réunies à Wolfbrunnen, près de Heidelberg, où on en élève depuis 1834 des quantités prodigieuses; leur chair est plus flasque et moins savoureuse que celle des truites sauvages. Ce poisson croît lentement : adulte à quatre ans, il pèse 500 grammes, à cinq ans 750 gr., et il n'atteint 1 kil. qu'à six ans; celles de Wolfbrunnen pèsent 3 à 4 kil. lorsqu'on les vend. Leurs œufs sont collés aux pierres du fond de l'eau dans laquelle ils ne nagent pas librement, comme ceux des carpes et des brochets. Les truites ne pondent que cinq cents œufs; il en faut vingt-quatre à trente pour peupler un hectare d'étang.

Il paraît qu'on peut élever aussi les saumons et les anguilles dans les étangs, où on ferait, ce nous semble, mieux d'élever des oiseaux d'eau, dont la production en chair est plus sûre et plus abondante. La culture des poissons ne peut être avantageuse que pour repeupler les cours d'eau qu'on ne peut pas utiliser plus avantageusement.

Les *vers à soie* offrent plusieurs espèces dont la plus connue est celle qui se nourrit des feuilles du mûrier. Le ver à soie du chêne, du Japon, que la Société d'acclimatation a introduit en Europe, donne des cocons plus gros de moitié et d'une soie plus forte. Quant au ver à soie du chêne, de Chine, on n'a pas encore réussi à l'importer; la soie en est abondante, mais grise et sans éclat. Le ver à soie de l'aylante fournit une soie impossible à filer, grise, sans éclat et si peu abondante, qu'on a dû l'abandonner.

A l'état sauvage, le ver à soie du mûrier est noir; on en trouve quelquefois de cette couleur dans les éducations. En les mettant à part, on est assuré d'avoir une sous-race beaucoup plus forte que la commune.

Quoique le ver à soie soit formé de 70 à 80 p. 100 d'eau, ses muscles sont doués d'une force telle qu'attaché au sol par ses deux dernières paires de pieds, il peut tenir debout la partie antérieure de son corps, pendant des heures entières. Sa nourriture est uniforme comme celle de beaucoup d'autres chenilles. La peau des vers à soie est forte; elle contient 70 p. 100 d'eau. Le ver vit vingt à soixante jours, suivant que la température est plus ou moins élevée, et mange pendant ce temps quatre à cinq fois son poids en feuilles de mûrier; pendant ce temps il change quatre fois de peau, et chaque mue dure de un à six jours. Pendant la mue, il faut que l'air de la magnanerie soit sec, ce qui facilite la sortie du ver de son ancienne peau, qui perd alors toute son élasticité. Après la quatrième mue, l'appétit devient insatiable; la chenille se vide enfin, file son cocon; le papillon en sort bientôt après, s'accouple, pond des œufs et meurt.

Quand les pieds des vers sont blancs, la soie est blanche; elle est jaune au contraire quand les pieds présentent cette couleur. Parmi les vers à soie blancs, il y en a dont la tête est fine et allongée; ils fournissent la soie la plus fine, mais la moins abondante; leurs cocons sont fortement étranglés au milieu.

Dans toutes les éducations se rencontrent quelques vers gris ou noirs qui sont tellement plus forts que les autres qu'ils restent souvent seuls en vie dans le cas où une mauvaise nourriture emporte tous les autres; on devrait chercher à conserver cette variété qui paraît être toute accidentelle. Il y a une petite race faible qui n'a que trois mues, et qu'il faut rejeter à cause de l'exiguité de ses produits.

Les vers à soie respirent par les neuf stigmates ou petites fentes noires qu'ils portent de chaque côté du corps, au-dessus des pieds; ces fentes aboutissent à des canaux très-déliés appelés trachées et qui se ramifient dans l'intérieur du corps. Le fluide nutritif qui circule dans le corps du ver et en baigne toutes les parties est d'un blanc plus ou moins jaunâtre; il est mis en monvement par un vaisseau spécial placé sur le dos de l'insecte, où on l'aperçoit à travers la peau; quand les vers sont bien nourris, il se dépose une graisse blanche et solide sur leurs flancs. Ces insectes ne voient pas : ils flairent la feuille et sont doués d'un tact exquis; ils sentent le moindre mouvement de l'air et le fuient; ils craignent les rayons solaires directs. Comme les vers n'urinent pas, il s'ensuit que toute l'humidité qu'ils absorbent avec les feuilles ne peut sortir de leur corps que par la peau, en sorte que, dans le cas où les feuilles sont mouillées, ils sont gonflés par ce fluide au point de devenir hydropiques; il faut donc éviter de leur donner des feuilles mouillées et les sécher avec soin quand elles ont été recueillies par un temps humide; il vaut mieux qu'elles soient fanées que mouillées.

Le poids des œufs varie avec les espèces; les plus petits viennent des sinas; il en faut 1,470 pour un gramme, tandis que 1,275 œufs de la grosse race de Roquemaure pèsent tout autant; en général, on compte que 1,350 œufs pèsent un gramme et qu'il en faut 42,000 pour une once, soit 31,25 gr. Depuis le moment où ils ont été pondus jusqu'à celui où ils éclosent, les œufs perdent un dixième de leur poids initial. Dès qu'il y a quatre petites feuilles bien développées au bout des branches des mûriers, on soumet les œufs à une température de + 25° C, sous l'influence de laquelle ils ne tardent pas à éclore; les vers qui en sortent font les 80 centièmes du poids total des œufs, dont les 20 autres centièmes reviennent à leur enveloppe; l'incubation dure une à deux semaines; dans le Nord, il vaut mieux l'effectuer trop tard que de risquer qu'elle soit interrompue par des retours de froids. A cause des chances de mortalité, on couve toujours deux fois plus d'œufs qu'on ne veut garder de vers, et on peut éliminer alors tous ceux qui ne sont pas assez vigoureux. Les bons œufs sont gris et plus lourds que l'eau; on n'élève que les vers qui en sortent dans l'espace de deux jours seulement. Les vers n'ont à leur naissance que 2 millimètres de long et pèsent environ $\frac{6}{10000}$ gr.; adultes, ils ont de 8 à 10 centimètres de long et pèsent jusqu'à 7 gr., en moyenne 5 gr., en sorte que chaque jour leur poids se multiplie par 200 environ; aucun animal domestique ne présente un aussi prodigieux développement. C'est sous l'influence d'une véritable transpiration que la peau se détache à chaque mue; le ver adulte pèse deux fois plus que son cocon; la différence est due à ses excréments et à l'eau qui s'en évapore. Les cocons femelles sont plus lourds que ceux qui produisent des mâles. La soie se trouve dans deux réservoirs placés derrière la tête; elle y est molle, mais à mesure qu'elle arrive à l'air, en sortant des filières, elle s'y durcit; ses fils ont 1/8 de millimètre de diamètre; il en faut 3,750 mètres pour peser un gramme; ce fil est double, parce qu'il s'unit en sortant des deux filières du ver. Quatre jours après avoir achevé son cocon, le ver se change en chrysalide, et reste en cet état pendant quinze à dix-sept jours, au bout desquels les mâles éclosent les premiers, ce qui était indispensable pour la fécondation des œufs que la femelle pond de suite, lors même qu'elle ne s'est pas encore unie au mâle.

Dans la chrysalide on trouve une matière jaune liquide et grasse, complètement analogue au jaune d'œuf et qui sert à former le papillon; elle correspond à l'œuf des oiseaux. Dès que le papillon s'est débarrassé des enveloppes de la chrysalide, il ramollit les parois du cocon avec un liquide incolore, insipide et neutre qui sort de sa bouche, puis il les perce et arrive au jour, où il rejette beaucoup d'acide urique et d'urate ammonique. L'accouplement dure un jour; on reçoit les œufs sur des toiles, et on les lave quand ils ont été salis par les déjections de la mère; on les conserve dans une cave sèche.

Les bonnes éducations sont de vingt-huit à trente jours; elles s'effectuent à la température de + 25° C, l'hygromètre étant à 60°. Les vers provenant de 31 gr. de graines exigent 35 mètres carrés de claie et 75 mètres cubes d'air qu'on doit pouvoir renouveler et chauffer sans peine. L'aérage est la condition la plus essentielle de santé des vers, parce qu'il facilite leur transpiration qui doit être énorme, puisque les feuilles de mûrier dont ils se nourrissent contiennent 68 p. 100 d'eau.

Un mûrier dont le feuillage offre un volume de 4 mètres cubes fournit en moyenne 40 kil. de feuilles. Il faut 1,000 kil. de bonnes feuilles pour les vers provenant de 31 gr. de graine, et beaucoup plus durant les années humides, parce que les feuilles se chargent d'une proportion d'eau infiniment plus forte. On donne un repas toutes les deux heures durant les trois premiers âges, et huit par jour pendant les quatrième et cinquième âges. Comme les vers supportent sans peine une abstinence de trois ou quatre jours, on les fait jeûner quand on est obligé de leur donner des feuilles mouillées, ce qui les préserve de la *grasserie* en leur permettant de perdre l'humidité surabondante qu'ils tiennent de la feuille.

31,25 gr. de graine fournissent 60 kil. de cocons ; il faut 500 cocons pour 1 kil., et 15 à 20 kil. de feuilles pour chaque kilo de cocons. Les cocons sont formés de 12 de soie et de 88 de chrysalide en moyenne, car suivant les races, il faut, pour 1 kil. de soie, 8, 10, 12 et même 14 kil. de cocons ; 1 kil. de cocons produit 50 à 60 gr. d'œufs.

L'espèce de ver à soie la plus recherchée est celle des sinas, dont le cocon est petit, dur et d'un blanc bleuâtre.

La soie est formée de :

54	soie pure,
20	gélatine,
25	albumine,
1	matière grasse colorée.
100	

La bourre qui entoure les cocons pèse environ 4 décigrammes ; on la détache avant d'étouffer à la vapeur les cocons qu'on ne veut pas laisser éclore. Pour étouffer les cocons, on les soumet pendant dix minutes à un fort courant de vapeur d'eau bouillante ; puis on les sèche au four ; on pourrait peut-être les tuer plus sûrement et plus facilement à l'aide de la vapeur du sulfide carbonique ou du chloroforme, dont il suffirait de jeter quelques gouttes dans un vase clos où on aurait enfermé les cocons. On file le plus tôt possible pour empêcher la soie de se gâter, et on dévide les cocons dans de l'eau à 85° C, où on les laisse quelques instants, après quoi on les transporte dans de l'eau à + 30° C, ce qui facilite beaucoup ce travail. Pour obtenir de la belle soie, on ne doit jamais unir plus de quatre ou cinq brins; dès que l'écheveau est achevé, on enlève les fils lâches, on l'égalise avec un morceau de tissu de soie mouillée, on le lave à l'eau froide, on l'essore, et on le sèche à l'ombre. En général, 11 kil. de cocons vifs en donnent 8 de cocons étouffés et 1 kil. de soie.

Les nombreuses maladies auxquelles les vers à soie sont soumis proviennent uniquement des éducations forcées. Ces insectes, soumis à une chaleur trop forte et placés dans des salles mal aérées, s'étiolent et ne peuvent donner de produits parfaits, pas plus que les cerisiers qu'on force dans les serres chaudes à donner leurs fruits pendant l'hiver.

Ces maladies, causées par la présence de mycodermes, affectent tous les êtres à sang froid, et se développent de préférence dans un milieu stagnant et humide; c'est assez dire que leur seul remède est l'aérage des magnaneries, aérage qu'on produit soit à l'aide de fenêtres nombreuses, soit avec des cheminées d'appel. Toutes ces maladies sont excessivement contagieuses : il faut, quand elles attaquent une magnanerie, en passer à la chaux les ustensiles et les murs, afin d'en détruire tous les germes. On fait bien aussi de chauler les œufs provenant d'une récolte infectée, alors même que les producteurs semblent sains.

Les *abeilles* sont les producteurs de miel des pays froids; il y en a cependant aussi dans les pays chauds; elles appartiennent au genre des mélipones. Ces mouches présentent deux variétés, l'une plus grosse que l'autre ; elles n'ont pas d'aiguillon, fabriquent un miel exquis et une cire verte; on les a déjà plusieurs fois apportées en Europe, où elles sont mortes faute de soins convenables.

Pour que les abeilles donnent d'abondants produits, elles doivent avoir à leur disposition une longue succession de fleurs riches en miel, ou se trouver dans le voisinage des forêts, qui leur offrent de juillet en septembre d'amples récoltes de miel produit par la sève qui s'extravase sur les feuilles.

Les abeilles supportent les climats les plus froids, mais

non pas les pays chauds, parce que leur cire se ramollit et permet au miel fluidifié de s'écouler. Il faut donc éviter avec soin que le rucher ne se trouve dans une exposition trop chaude et l'abriter soigneusement contre les rayons solaires directs, en l'entourant de parois en planches ou de robiniers dont les fleurs blanches et parfumées sont riches en sève sucrée. Le rucher sera aussi sec que possible.

La population moyenne d'une ruche est de 20,000 ouvrières, 1,500 bourdons et une reine ou femelle. Les bourdons, qui sont dépourvus d'aiguillon, ne fabriquent pas de miel; ils ne servent qu'à féconder la reine; quant aux ouvrières, elles n'ont pas de sexe. Ce sont des femelles dont les ovaires se sont atrophiés parce qu'elles ont reçu une nourriture insuffisante; aussi, quand la reine d'une ruche périt, les abeilles en créent-elles une nouvelle en nourrissant avec abondance le premier œuf venu qu'on leur fournit quand elles n'en possèdent pas. Ce fait prouve que le sexe dépend de l'alimentation, et toutes les observations de l'éleveur le confirment en ce sens, que quand les femelles sont faibles et mal nourries, elles produisent des mâles, et des femelles dans le cas opposé. De là vient aussi qu'un mâle jeune engendre surtout des femelles, et un mâle âgé des mâles. Telle est la raison pour laquelle les éleveurs prennent de jeunes taureaux et de jeunes béliers, tandis qu'ils préfèrent des étalons âgés pour la race chevaline. Cent ouvrières pèsent à jeun 60 gr., et jusqu'à 180 quand elles sont gorgées de nourriture; cent bourdons pèsent 75 gr.; un essaim très-fort pèse 1 kil. 1/2 à 3 kil.; ordinaire, 750 à 1,500 gr., et faible 375 à 750 gr., Les abeilles ne pèsent, dans le premier cas, que 750 à 1,000 gr.; dans le second, que 250 à 500 gr., et dans le troisième que 125 à 250 gr.; l'excédant est dû au miel dont elles se remplissent avant de quitter la ruche mère. Comme chaque essaim enlève à la ruche, outre une grande partie de sa population, 250 gr. ou même 2 kil. de miel, il est clair que l'essaimage l'affaiblit beaucoup.

Il est probable que le miel reste tel que les abeilles l'enlèvent aux fleurs; il n'en est point ainsi de la cire que les abeilles peuvent former aux dépens du miel, ainsi que plusieurs expériences directes l'ont définitivement prouvé. La cire est un corps complexe qu'on peut regarder comme formé d'un corps gras associé à une résine plus ou moins brune que les abeilles enlèvent aux plantes, tandis qu'elles forment la graisse. Plus la résine est abondante, plus aussi la couleur de la cire se fonce, et moins les bougies qu'on en retire sont bonnes ; c'est pour cette raison que la cire blanche que les abeilles fabriquent en automne est bien plus recherchée que la cire jaune d'été, qui est remplie de pollen enlevé aux étamines des fleurs.

Il faut environ 20 kil. de miel aux abeilles pour faire 1 kil. de cire qu'elle sécrètent entre les huit anneaux de leur abdomen. Chaque lamelle de cire qui se dépose entre ces anneaux met 38 heures à se former, et 100 de ces lamelles pèsent 0,020 gr., poids moyen d'une cellule, en sorte qu'il faut vingt-quatre heures à 20 abeilles pour fabriquer une cellule, ou vingt jours à une abeille travaillant seule.

La construction des rayons marche avec une rapidité telle qu'il suffit de vingt-quatre heures pour qu'un fort essaim en bâtisse un de 33 centimètres de long sur 16 de large. Le nombre des rayons varie avec l'étendue des ruches ; il y en a 7 dans une ruche de 50 centimètres de haut sur 48 de large. Chaque mètre carré de rayon compte de chaque côté 10,800 cellules, en sorte que les rayons de la ruche précitée offrent 50,000 cellules, dont 20,000 sont destinées à l'incubation des œufs, tandis que les 30,000 autres servent de magasin ; elles pèsent vides 1 kil. à 1 kil. 1/4. La grandeur des cellules d'incubation varie avec l'espèce d'abeilles qu'elles doivent recevoir ; les plus petites sont celles des ouvrières ; ensuite viennent celles des bourdons ; les plus grandes sont les cellules des reines, qui sont en outre recouvertes d'une espèce de capuchon en cire muni d'une ouverture horizontale. Les mêmes cellules reçoivent en six mois jusqu'à cinq générations différentes qui occupent constamment la même position, c'est-à-dire que les cellules royales sont au bas des rayons ; au-dessus d'elles viennent les cellules des bourdons, puis celles des ouvrières, tandis que le haut du rayon est plein de miel.

Les ouvrières ne vivent guère plus d'un an ; les vieilles ont le corps lisse et dépourvu de poil ; la reine vit au moins trois ans ; elle pond en moyenne 40,000 œufs, dont la moitié de bourdons, et comme les cellules royales sont les dernières bâties, on voit que la ruche travaille pour sa population avant de songer à l'essaim. On tire parti de cette observation en ajoutant aux ruches déjà pleines des hausses qui, en en étendant la capacité, forcent les abeilles à augmenter leur population et à retarder ainsi l'essaimage. Quand le froid est vif, les abeilles se réunissent en grosse pelote et s'engourdissent totalement. La reine cesse alors de pondre ; mais elle recommence la ponte dès les beaux jours, quelquefois même déjà en janvier. Pour que la ponte soit abondante, il faut que la reine soit bien nourrie et que le temps soit chaud ; l'ovaire contient toujours au moins 5,000 œufs, et comme c'est en été qu'arrivent les essaims, il est probable qu'au printemps la reine pond chaque jour jusqu'à 1,000 œufs. Quand le temps est chaud, les œufs éclosent au bout de trois jours, et les larves sont nourries par les ouvrières, qui au troisième jour enlèvent celles dont elles veulent faire des reines; vers le cinquième ou le sixième jour, comme les larves remplissent la totalité des cellules, les ouvrières les y enferment en bâtissant au-dessus de chacune d'elles un couvercle en cire. Alors la larve se change en nymphe, qui éclot le onzième jour pour les reines, le quinzième pour les ouvrières et le dix-huitième pour les bourdons; les jeunes abeilles ne peuvent voler qu'au bout de vingt-quatre heures. Comme il ne faut donc que vingt-trois jours aux abeilles pour subir toutes leurs métamorphoses, il est clair que chaque ruche peut en élever cinq générations en un an.

L'essaimage a lieu pour l'Europe centrale de mai en juin, le matin, et par un temps chaud et tranquille ; c'est la vieille reine qui sort avec l'essaim. Les grosses ruches exposées au nord sont celles qui donnent le moins d'essaims ; elles n'en donnent jamais quand leur température intérieure descend au-dessous de 25° C. En été, la température des ruches est généralement de 12° C plus élevée que celle de l'air; les abeilles cessent de travailler quand la température descend à + 14° C.

Chaque ruche, pour bien passer l'hiver, doit avoir au moins 10 kil. de miel et peser avec sa population, estimée de 4 à 5 kil., 15 kil. net; elles doivent être à l'abri de la gelée; leur température ne s'abaisse guère au-dessous de + 12° C; mais ce qui est à craindre dans cette saison, c'est l'élévation de température, parce qu'elle provoque l'appétit des abeilles à tel point que les ruches consomment pendant l'hiver 9 kil. de miel quand elles sont exposées au midi, tandis qu'elles n'en mangent que 3 lorsqu'elles sont tournées du côté du nord. On place les ruches de front, à 33 centimètres au moins au-dessus du sol; on n'en met jamais plus de 30 par rucher. Les ruches ont 50 centimètres de diamètre sur 33 de haut; elles sont en paille et disposées de manière à ce qu'on puisse les placer au besoin sur des hausses ou anneaux de paille de 16 centimètres de hauteur. Au centre de la ruche, en haut, est l'ouverture par laquelle entrent les abeilles; cela vaut mieux que de la pratiquer en bas, tant parce que c'est conforme aux habitudes naturelles des abeilles que parce que leurs ennemis y entrent moins facilement.

C'est en été qu'on recueille le miel frais dans les hausses, et en automne qu'on enlève dans l'intérieur des ruches le miel qui est de trop. Ce dernier est en général plus coloré que l'autre. Chaque ruche donne annuellement 10 à 14 kil. de miel brut; leur produit varie avec la fertilité de l'année et la manière dont elles ont passé l'hiver. Quand les ruches sont mal nourries en hiver, elles souffrent toute l'année; aussi, lorsqu'elles n'ont pas assez de miel, les nourrit-on avec un sirop de sucre bien pur qu'on verse dans un plat sur du gravier calcaire qui sert à empêcher les abeilles de s'engluer et à arrêter tout développement d'acides qui nuisent beaucoup aux abeilles et leur causent des diarrhées presque toujours mortelles.

Dès les premiers beaux jours, en février ou mars, on

change les tabliers des ruches, et on ouvre l'entrée qu'on ferme presque totalement en hiver.

En septembre, on réunit les ruches faibles, ce qui leur permet de mieux passer l'hiver.

Les *vers de farine* qui se développent facilement et en masse dans le son des céréales pourraient être utilisés à la nourriture des oiseaux de basse-cour; leur culture est facile: il suffit, pour en obtenir des milliers, de mettre en juillet quelques insectes parfaits de cette espèce dans un tonneau à moitié plein et couvert avec un canevas. Il faut mettre dans le son quelques chiffons de laine; ces insectes y déposent leurs œufs qui éclosent bientôt en donnant naissance à de petites chenilles brunes qui, après avoir changé plusieurs fois de peau, se filent, de mai en juillet, une chrysalide d'où l'insecte parfait sort au bout de peu de jours; il craint beaucoup la lumière.

Les *sangsues* sont un objet de culture lucratif partout où on dispose d'eau pure qui ne gèle pas en hiver, et d'un fond marécageux. Les étangs à sangsues ont six mètres de long, sur trois de large et un de profond; le niveau de l'eau doit y être constant, afin que les cocons des sangsues ne puissent être noyés, ni desséchés. Pour nourrir ces animaux, on prend du sang battu auquel on conserve la chaleur du corps; on y plonge des sacs de flanelle mouillée, remplis de sangsues, qu'on laisse cinq minutes quand elles sont très-grosses, dix quand elles sont moyennes, quinze pour les petites et trente pour les très-petites. On les lave ensuite et on les reporte à l'étang; le sang doit être tout frais. Chaque sac reçoit 6 à 7 kil. de sangsues qui pèsent la moitié plus après le repas. On gorge les grosses sangsues en automne, ce qui les fait pondre régulièrement au printemps; quant aux petites, on leur donne trois repas par an; avec ce régime, on peut les vendre à trois ans.

Dès que les sangsues s'accouplent, on creuse avec un bâton gros comme le doigt des galeries horizontales sous le gazon des bords de l'étang qu'on soulève sans le détacher et qu'on prolonge jusqu'au dessous de la surface de l'eau. Quand les sangsues veulent pondre, elles montent dans les conduits verticaux: elles passent de là dans les galeries horizontales, où elles filent un cocon dans lequel elles déposent leur œufs. On recueille les cocons qu'on met sur la terre humide, au bord d'un petit bassin spécial, et on renverse sur eux une caisse qu'on couvre de gazon qu'on tient humide; puis on ouvre quelques galeries conduisant de l'intérieur de la caisse jusqu'à l'étang, par lesquelles les jeunes sangsues gagnent l'eau dès qu'elles éclosent.

CHAPITRE V

Classification.

Relativement à la culture, on divise les animaux domestiques en habitants des plaines et habitants des montagnes, et on subdivise ces deux classes en deux sections comprenant, l'une les animaux qui recherchent l'eau, l'autre ceux qui la craignent. Cette division doit diriger l'agriculteur dans le choix de ses bestiaux, s'il veut en tirer facilement le plus grand produit possible, car il ne doit point perdre de vue le fait que, si avec des soins on peut élever des animaux partout, il n'est possible d'en tirer du profit que quand on les place dans des circonstances analogues à celles où ils vivent à l'état sauvage.

I. *Aimaux des plaines.*

1. Humides :	2. Sèches :
Bœuf,	Cheval,
Buffle,	Mouton,
Porc,	Chèvre,
Cygne.	Poule.

1. Humides :	2. Sèches :
Oie,	Dindon,
Canard,	Pintade,
Poissons,	Pigeon,
Sangsues.	Abeille,
	Ver à soie.

II. *Animaux des montagnes.*

1. Humides :	Cygne,	2. Sèches :	Lapin,	Pigeon,
Bœuf,	Oie,	Mouton,	Poule,	Abeille,
Porc,	Canard.	Chèvre,	Dindon,	Ver à soie.

Toute exploitation agricole ayant un but spécial, c'est lui qui décide le choix à faire parmi les animaux destinés par la nature au sol à exploiter. On veut avoir de la force, de la chair, du lait, de la laine, du miel, de la soie, etc.; chacun de ces produits forme une rubrique sous laquelle on range un ou plusieurs des animaux domestiques. Ces divisions ne sont pas toujours tranchées : ainsi le bœuf donne du lait et de la force ; le mouton, du lait, de la chair et de la laine, en sorte qu'il vaut mieux partager tous les animaux en trois groupes, comprenant : 1° ceux qui ne fournissent qu'un seul produit; 2° ceux qui en donnent deux, et 3° ceux qui en offrent trois.

Chaque groupe se subdivise en 1 producteur de chair, 2 de lait, 3 de laine, 4 de force, 5 d'œufs, 6 de soie et 7 de miel.

I. *Simples producteurs.*

1. De chair :	2. De lait :	4. De force :	6. De soie :
Porc,	0.	Le cheval.	Le ver à soie.
Lapin,	3. De laine :	5. D'œufs :	7. De miel :
Poissons,	0.	0.	L'abeille.
Pigeons.			

II. *Doubles producteurs.*

1. De chair et de lait :
Chèvre ordinaire.

2. De force et de lait :
Ane.

3. De chair et d'œufs :
Poule,
Canard,
Et autres oiseaux de basse-cour.

III. *Triples producteurs.*

1. De chair, de lait et de force :
Bœuf,
Buffle.

2. De chair, de lait et de laine :
Chèvre d'Angora,
Mouton.

Comme les animaux sont d'autant plus estimés qu'ils rendent plus de services, il est clair que les triples producteurs sont aussi ceux sur lesquels repose toute l'agriculture; les doubles et surtout les simples producteurs ne peuvent être utilisés que dans des cas tout spéciaux.

L'animal domestique producteur de chair par excellence est le porc, parce qu'il se développe vite et multiplie beaucoup; le lapin est dans le même cas que lui.

Le meilleur producteur de lait est la chèvre.

Le meilleur producteur de laine est le mouton.

Le meilleur producteur de force est le cheval.

Le meilleur producteur d'œufs est la poule.

Le meilleur producteur de soie est le ver à soie.

Le meilleur producteur de miel est l'abeille.

Il est possible que l'on trouve, parmi les animaux sauvages ou domestiques des autres pays, des êtres plus aptes encore à rendre des services à l'agriculture que nos anciens animaux domestiques; ainsi, le yak du Thibet remplace avantageusement le bœuf, parce qu'il supporte mieux le froid et se couvre d'une abondante toison; la chèvre d'Angora vaut mieux que la chèvre ordinaire, parce qu'aussi lactifère qu'elle, elle fournit encore une toison aussi belle qu'abondante et brillante. Pour donner une juste idée de tout ce qu'il y aura à faire pour enrichir l'agriculture européenne de nouveaux animaux domestiques, nous renvoyons à l'excellent ouvrage que M. I. Geoffroy Saint-Hilaire a publié il y a quelques années sous le titre de : *Domestication et naturalisation des animaux utiles*. Comme il ne s'agit pas, dans un essai de naturalisation, de changer seulement une espèce contre une autre, il faut s'assurer, avant de l'importer, que les avantages présentés par l'animal à introduire sont incontestables, ce qui est difficile, pour ne pas dire impossible, de prime abord. C'est la difficulté qu'a tranchée l'habile président de la Société zoologique d'acclimatation, lorsqu'il a proposé de fonder un parc pour les essais d'acclimatation ; puisse cette grande idée être comprise par tous les gouvernements, qui, en lui donnant suite, ouvriront à l'agriculture une nouvelle source de prospérité !

CHAPITRE VI

Produits.

L'étude des produits qu'on tire des animaux se borne à leur examen, ainsi qu'aux moyens de les utiliser dans la ferme. Parlons d'abord de la viande.

La *viande* ou chair musculaire est formée par le mélange de la fibre musculaire avec des étuis tendineux, de la graisse et des débris de vaisseaux. Elle est d'autant plus dure et plus coriace qu'elle provient d'animaux plus âgés ou de parties douées d'un mouvement plus actif; c'est pour cette raison que la viande du dos est plus succulente que celle des jambes. La qualité de la viande varie aussi avec les espèces animales; celle des poissons est la plus molle ; ensuite vient celle des volailles et enfin celle des mammifères ; chez le porc, les fibres de la viande sont entrelacées beaucoup plus fortement que chez les autres producteurs de chair. Voici comment est composée la chair de nos principaux animaux domestiques :

	Bœuf.	Veau.	Porc.	Pigeon.	Carpe.
Fibrine et tissu cellulaire.....	17,5	0,0	16,8	17,0	12,0
Albumine et sérum...........	2,2	0,0	2,4	4,5	5,2
Extrait alcoolique; soit graisse.	1,5	0,0	2,5	2,5	2,7
— aqueux, soit sel.......	1,3	0,0	0,0	0,0	0,0
Eau et perte.................	77,5	78,0	78,3	76,0	80,1
	100,0	100,0	100,0	100,0	100,0

La qualité de la viande varie chez le bœuf avec les parties du corps; la plus succulente ou première qualité se trouve au haut des jambes de derrière; la seconde qualité aux cuisses, à la poitrine et aux épaules; la troisième qualité au cou et dans le bas du corps; la quatrième enfin à la tête, aux jambes et ailleurs. On n'utilise que les quatre quartiers du bœuf, soit tout le corps, moins la tète, les entrailles et les pieds jusqu'au genou. Une erreur fort accréditée est que la viande de vache est plus dure que celle de bœuf; des expériences décisives ont établi que c'est précisément l'inverse qui est vrai. Cette idée fausse repose cependant sur un fait avéré, savoir que tandis qu'on ne tue que de jeunes bœufs, on n'abat que de vieilles vaches; c'est donc à l'âge uniquement qu'il faut attribuer la dureté proverbiale de la viande de vache. En traitant de chaque animal producteur de chair, on en a indiqué le rendement en viande réelle, sur lequel nous n'avons plus rien à dire.

Pour conserver la viande, on la sale, et on la fume ensuite; quand les viandes sont bien sèches, on les conserve dans des caisses dont on remplit les interstices avec de la graisse fondue, des cendres de bois, de la chaux vive éteinte en poudre, ou du charbon pilé et calciné. Le sel sert à enlever l'eau de la chair; la fumée, à l'envelopper d'une couche de créosote et d'acide acétique qui sont antiseptiques tous les deux. La viande salée étant échauffante et indigeste, on la remplace quelquefois par de la viande conservée en vases clos dans le vide par le procédé Appert, qui n'est malheureusement pas assez économique pour qu'on puisse le pratiquer sur une grande échelle. Quand on ne veut garder les viandes que pendant peu de jours, on les met tremper dans du vinaigre, ou bien on les expose dans une caisse fermée à l'action de l'acide sulfureux provenant de la combustion d'un morceau de soufre. On en prolonge indéfiniment la conservation sans les altérer en aucune façon, en les plongeant et les maintenant submergées dans une saumure faite avec parties égales d'acétate sodique et d'eau, en les lavant bien avant de les cuire.

Le *lait* et ses dérivés forment une des branches essentielles de l'industrie agricole; on ne le conserve jamais longtemps, parce qu'on le débite en nature ou qu'on en fait du beurre et du fromage. Depuis quelques années, on prépare de l'extrait de lait en évaporant dans le vide du lait additionné de sucre, jusqu'à ce qu'il devienne sirupeux; on le met alors dans des boîtes en tôle qu'on soude et chauffe pour en chasser l'air. Le lait s'aigrit rapidement, surtout en été, lorsqu'il fait chaud, parce que son sucre se change en acide lactique; ce liquide est formé d'eau tenant en dissolution la caséine, le sucre, ainsi que les sels, et en suspension la matière grasse qui constitue le beurre et qui monte à sa surface sous forme de crème, parce qu'elle est plus légère que l'eau. Comme le lait se charge facilement de toutes les odeurs, il est important que la laiterie soit fraîche et très-propre. A + 12° C, la crème se sépare en trente à quarante heures d'avec le lait, et cela d'autant plus facilement qu'il est étalé sur une surface plus large; 10 litres de lait donnent 2 litres 1/4 de crème, qui à leur tour fournissent 1/2 kilog. de beurre. La crème est formée de :

20 à 24	beurre,
4	caséine et albumine,
72	eau.
100	

Quand le lait tend à s'aigrir, on doit aérer fortement la laiterie et jeter 4 à 5 grammes de craie pilée dans chaque jatte de 10 litres ; cette addition a pour but de saturer l'acide lactique à mesure qu'il se produit, ce qui empêche le lait de se coaguler.

Pour faire le *beurre*, on soumet la crème au barattage, qui a pour effet de réunir les molécules grasses qui se séparent du lait de beurre dont on obtient environ 78 p. 100 de la crème employée ; il est formé de :

0,24	beurre,
3,82	caséine,
5,14	sucre de lait et sels,
90,80	eau.
100,00	

Ce n'est qu'à la température de + 12° C qu'il est facile de faire le beurre ; en hiver, il faut chauffer la crème ou y ajouter un peu de sel, tandis qu'en été on doit la refroidir pour en séparer le beurre. Cette graisse est plus colorée en été qu'en hiver, où elle est presque entièrement blanche. Quand le beurre est trop blanc, on le teint en délayant dans la crème un peu de rocou, belle couleur jaune produite par le fruit d'un arbre d'Amérique. Dès qu'on sort le beurre de la baratte, on le lave avec soin, afin d'en séparer tout le lait de beurre, car plus le beurre est pur, mieux aussi il se conserve. En général, le beurre contient :

Graisse	77,5	à	86,3
Caséine	1,6	à	0,9
Eau, sucre et sels solubles	20,9	à	12,8
	100,0		100,0

La composition de la graisse du beurre varie avec la saison où on le fabrique ; il contient plus de suif en hiver qu'en été :

	Stéarine ou suif.	Oléine ou huile.
Beurre d'été..........	40	60
— d'hiver........	63	37

C'est à la petite quantité de caséine qu'il entraîne que le beurre doit de se rancir si facilement; on la lui enlève en le fondant au bain d'eau et décantant avec soin la partie liquide de dessus le dépôt qu'elle surnage. En général, on fond le beurre à feu nu, ce qui lui communique un goût particulier assez désagréable pour qu'on ne puisse plus l'employer qu'à l'apprêt des mets; il perd par la fusion 20 à 25 p. 100 de son poids initial. D'autres fois, on sale le beurre, mais il faut l'avoir auparavant lavé soigneusement; pour cela, on en pétrit 20 kilog. avec 1 de sel sec et pilé fin. Quand le beurre est rance, on le pétrit avec de l'eau de chaux qu'on renouvelle jusqu'à ce qu'elle lui ait enlevé tout le mauvais goût.

Le lait écrémé et le lait de beurre sont employés à la fabrication des fromages maigres.

On fabrique les *fromages* avec la caséine du lait. Les fromages sont gras quand on emploie le lait pur, maigres quand on les fabrique avec le lait écrémé; la fermentation étant plus active dans ces derniers que dans les premiers, les yeux en sont petits, mais nombreux, tandis que ceux des fromages gras sont rares et très-gros. Ils sont les seuls qui prennent avec l'âge ce goût fort et âcre qui est tellement recherché par les amateurs. Pour séparer la caséine d'avec le lait, on le laisse s'aigrir, et on le chauffe jusqu'à ce que le caillé s'en sépare; alors on le jette dans un sac où on l'exprime, et on le mange avec du lait; c'est le fromage blanc dont on obtient 1 kilog. de 16 litres de lait; on peut le conserver en le mêlant avec du cumin et en le séchant à l'air.

En Suède, on fabrique le fromage de lait de renne en le faisant trancher avec des feuilles de la gracieuse *pinguicula vulgaris* qui le rendent visqueux et filant comme du blanc d'œuf dès qu'il entre en contact avec elles. Enfin, on peut aussi coaguler le lait avec les acides, mais c'est presque toujours avec la présure qu'on opère la coagulation du lait : la présure est le suc du quatrième estomac du veau; son action est aussi inexplicable que rapide. On emploie la présure de différentes manières : tantôt on fait sécher la caillette, et on en plonge une tranche dans le lait; d'autres fois, on y verse l'eau salée dans laquelle on l'a fait macérer; d'autres fois encore, on la prépare de la manière suivante : sur 4 caillettes fraîches et bien lavées, 120 grammes de poivre noir pilé et 1 kilog. de sel, on verse 4 litres d'eau-de-vie et 12 litres d'eau; 24 heures après, on passe à travers un linge et conserve dans des bouteilles bien bouchées; une cuiller à bouche de ce liquide coagule 10 litres de lait. On chauffe le lait à 30° C; après avoir ajouté la présure, on attend que la coagulation soit complète, ce qui arrive en 20 ou 30 minutes; on le brise alors en petits morceaux. On chauffe de rechef à 60° C pour les fromages fins et mous, à 100° C pour les fromages ordinaires; puis on jette le caillé sur une toile grossière placée dans une forme où on l'exprime avec force. Douze heures plus tard, on porte le fromage dans une cave bien aérée où on le sale d'un côté, et le lendemain de l'autre, pendant deux ou quatre mois. Dès qu'il ne prend plus de sel, ce qui arrive quand il a perdu la plus grande partie de son eau, on ne le sale que tous les trois ou quatre jours, et on s'arrête lorsqu'il est dur comme du bois; on emploie 120 grammes de sel par kilog. de fromage. Les fromages gras sont ensuite mouillés avec de l'eau salée et du vin; les maigres avec de l'eau salée seule, jusqu'à ce qu'ils aient acquis le goût et la consistance voulus. En moyenne, pour faire 1 kilog. de fromage frais, on compte 10 litres de lait gras, 15 de lait ordinaire et 20 de lait écrémé.

Le liquide qui se sépare d'avec le fromage est reporté sur le feu; on y verse alors du petit lait aigre qui en précipite le *serai* qu'on recueille comme fromage : il est dû à la coagulation de l'albumine du lait; on le traite comme le fromage. Il est insipide et remplace le pain pour les habitants des Hautes-Alpes. Le petit lait séparé d'avec le serai est évaporé; le sucre s'en sépare alors en petits cristaux bruns qu'on blanchit par des cristallisations répétées.

Les différentes *graisses* animales s'obtiennent en coupant les tissus gras en petits morceaux qu'on chauffe à feu nu jusqu'à ce que les membranes commencent à roussir; on les jette alors dans des sacs qu'on exprime avec force; les membranes restent dans le sac, tandis que la graisse s'écoule. C'est ainsi qu'on extrait dans les fermes le saindoux du porc, le suif du bœuf et du mouton. Le commerce du saindoux est très-important pour l'Amérique du Nord ; celui du suif de bœuf pour le Paraguay et la Russie méridionale ; celui du suif de chèvre, qui est le meilleur pour l'éclairage parce qu'il est aussi le plus dur, pour les Principautés danubiennes. Les graisses animales sont d'autant plus consistantes qu'elles contiennent davantage de stéarine ou suif; voici la composition de quelques-unes d'entre elles :

	Stéarine.	Oléine.
Suif de bœuf...........	80	20
Saindoux...............	40	60
Graisse d'oie...........	30	70

Il faut se garder de chauffer trop fortement les graisses, parce qu'on les décompose, ce qui a pour effet de leur donner une mauvaise odeur, un mauvais goût, une teinte jaune, et d'en abaisser le point de fusion en changeant les corps gras neutres en acides qui sont beaucoup plus fusibles qu'eux.

Les *œufs* se conservent sans peine en les faisant tremper 12 heures dans l'eau de chaux, les égouttant à l'air et les conservant sur des rayons dans une cave tiède et pas trop sèche. L'eau de chaux bouche les pores de la coquille, quand elle se carbonate à l'air et empêche aussi l'évaporation de l'eau de l'œuf, dont nous avons parlé en nous occupant de la poule. Ils se conservent aussi bien dans du sel de cuisine pilé fin.

La *laine* est bien plus facile à conserver en suint qu'après qu'elle a été lavée, parce que les insectes ne s'y mettent pas et qu'elle ne devient pas cassante. Nous avons déjà vu que la laine brute cède à l'eau 60 p. 100 de son poids; la plus belle laine, celle dont l'éclat est le plus vif, est chargée d'une graisse blanche, tandis que cette graisse est jaune dans les laines ordinaires. La laine pure calcinée laisse 3 à 5 p. 100 de cendres formées de phosphate calcique et d'acide silicique. La laine est d'autant plus belle et plus forte que les moutons sont mieux nourris. Les magasins dans lesquels on garde la laine lavée doivent être un peu humides; quand ils sont trop secs, elle y devient cassante. Nous ferons la même observation pour la *soie*, qui est un des corps les plus hygrométriques qu'on connaisse.

Le *miel* est blanc quand il est fabriqué avec le suc des fleurs en été, brun quand il provient des miellées d'automne; la cire en est jaune dans le premier cas, blanche dans le second. Pour extraire le miel, on broie les rayons, qu'on jette sur un tamis de crin qu'on expose au soleil sous une cloche de canevas; quand ils ne donnent plus rien, on enferme le résidu dans des sacs qu'on fixe au fond d'une chaudière pleine d'eau, qu'on porte à l'ébullition, puis on exprime les sacs; les ayant chauffés de rechef, on les reporte sous la presse aussi longtemps qu'ils donnent de la cire; l'eau dans laquelle ont bouilli les rayons sert à préparer la nourriture des porcs.

Pour blanchir la *cire*, on la coule en lames minces qu'on blanchit au soleil, ou bien en la chauffant au bain d'eau avec 100 grammes d'acide nitrique du commerce et 100 grammes d'eau pour 500 grammes de cire : le blanchiment ainsi obtenu est immédiat, mais jamais très-complet; il faut ensuite bien laver la cire, et achever de la blanchir au soleil.

Les *peaux* et *pelleteries* sont biens lavées, imbibées avec une solution de 1 kilog. de chlorure zincique pour 10 litres d'eau, séchées et conservées dans un endroit sec. Grâce à cette préparation, elles sont imputrescibles et inattaquables aux insectes.

CHAPITRE VII

Maladies.

On divise les maladies en ataxiques, inflammatoires et accidentelles. Les maladies *ataxiques* sont les plus dangereuses : c'est à elles qu'on rapporte le typhus, la cocotte, le charbon, la péripneumonie et plusieurs autres encore ; on en préserve le bétail en l'exposant au grand air, lui donnant une nourriture saine, abondante et salée. Dans le *typhus*, l'eau de suie rend d'éminents services quand on l'emploie à la dose de deux verres par tête de gros bétail, auquel on peut même administrer la suie solide à la dose de 50 grammes avec du sel, et 10 grammes pour un mouton ; la gentiane et les baies de sureau sont excellentes aussi dans ces cas-là. L'effet de la suie vient de la créosote qui s'y trouve, et qui agit comme un puissant antiputride. C'est probablement encore à la créosote qu'on y développe qu'il faut attribuer la merveilleuse facilité avec laquelle la farine grillée arrête la *pourriture* des volailles. Quant à l'affection aphteuse appelée cocotte, on la guérit avec des solutions de chlorate potassique et bicarbonate sodique qu'on fait boire aux bêtes malades. On guérit l'inflammation des pieds en les immergeant dans une solution faite avec 1 kilog. de sulfate cuivrique pour 4 litres d'eau.

On combat les maladies *inflammatoires* par les purgatifs, tels que le sulfate sodique à la dose de 200 grammes par tête de gros bétail et 50 grammes pour un mouton ; on en soutient l'action à l'aide de la diète et des boissons blanchies à la farine. La *clavelée* des moutons est une inflammation de la peau analogue à la petite vérole de l'homme, et qu'on combat par l'inoculation. On a voulu appliquer la même méthode aux vaches pour les préserver de la *péripneumonie gangreneuse*, en leur inoculant le pus pris sur les poumons des animaux morts de cette maladie. On n'a obtenu ainsi que des accidents faciles à prévoir, car tout le monde sait que le sang, et à bien plus forte raison le pus des animaux morts, agit comme un violent poison qui développe la gangrène et amène presque toujours la mort.

Quant aux maladies *accidentelles*, elles sont chirurgicales ou parasitiques. Si les bestiaux ont des *plaies*, on les panse avec de l'huile de lin émulsionnée avec un égal volume d'eau de chaux, et on les nettoie avec une dissolution d'hypochlorite calcique lorsqu'elles sentent mauvais. Les *fractures* ne sont pas du ressort de la chimie, puisque leur pansement se borne à rapprocher les os cassés, à les maintenir en place avec un bandage et des attèles en bois, et à bassiner la partie brisée avec une infusion d'arnica, afin d'en prévenir l'inflammation. On guérit la *gale* avec une pommade de savon vert et de soufre à la dose de deux du premier pour un du second, ou avec une pommade formée d'une partie d'huile de cade et deux d'axonge. On tue les poux en huilant tout le corps de l'animal atteint et le peignant le lendemain, puis le lavant avec une infusion de feuilles de sureau. La vapeur qui se dégage de l'eau dans laquelle on fait bouillir les feuilles et l'écorce du sureau noir tue les poux, les punaises et généralement tous les parasites extérieurs des animaux. On combat les *maladies vermineuses* avec les toniques, tels que la gentiane, le cumin, l'ail, dont on soutient l'action par une légère purgation avec l'aloès.

CHAPITRE VIII

Habitation.

Ayant indiqué déjà, pour chaque animal, l'espace qui lui est nécessaire, nous n'avons pas grand'chose à ajouter ici.

Les écuries seront tournées au sud-est, afin de conserver le soleil aussi longtemps que possible, et d'éviter qu'elles présentent toute une façade aux vents d'est et du nord, qui sont le plus à craindre ; leur toit doit saillir assez pour empêcher que les murs soient atteints par la pluie, c'est-à-dire qu'il doit s'avancer de 1 mètre environ pour 10 de hauteur des murs. La façade ouest sera consacrée aux hangars et remises, parce que les mouches s'y rassemblent en masse en été, ce qui incommode le bétail ; enfin le bâtiment tout entier sera sec, et son pavé suffisamment élevé au-dessus du sol pour qu'il n'en reçoive jamais de l'eau, et que les urines du bétail aient un écoulement facile.

Pour obtenir des constructions durables, il est indispensable d'avoir d'excellents matériaux : on fait les murs en pierre ou en pisé. Dans le premier cas, on choisit des pierres aussi compactes que possible, puis on s'assure qu'elles résistent à la gelée en les y exposant après les avoir plongées dans l'eau, ou bien en les imbibant d'eau salée et les laissant se dessécher à l'air : elles ne valent rien si elles s'exfolient alors ou tombent en poussière. On essaie de la même façon les briques et les tuiles.

La chaux n'est éteinte qu'à mesure qu'on en a besoin ; elle perd beaucoup de sa force quand on la garde longtemps, lors même qu'on l'abrite contre l'acide carbonique de l'air, parce qu'elle forme avec l'eau un hydrate insoluble et sablonneux qui ne s'unit plus à l'eau ; 100 parties de chaux en absorbent environ 32 d'eau.

Pour faire le mortier, on emploie 3 mètres à 3 mètres 1/2 cubes de sable par mètre cube de pâte de chaux grasse ; on n'en met que 1 à 2 mètres cubes par chaque mètre cube de pâte de chaux maigre. Il vaut mieux, du reste, mettre dans le mortier trop de sable que trop peu, puisque c'est lui qui en assure le durcissement, en permettant à l'air d'y pénétrer et de carbonater la chaux. Quand les murs doivent résister à l'action de l'eau, on les construit avec de la chaux hydraulique, qui est une combinaison d'argile et de chaux jouissant de la propriété de durcir quand elle s'unit à l'eau, en produisant une masse aussi dure que de la pierre. On la fabrique en calcinant des briques faites avec 30 parties de poudre de brique ou d'argile sèche pour 70 de chaux. Il n'est même pas toujours nécessaire d'opérer la calcination du mélange, et il suffit presque toujours de le corroyer fortement pour obtenir un mortier bien hydraulique ; l'essentiel est que l'argile soit assez cuite : trop ou trop peu nuit à la réussite, parce que la combinaison est alors beaucoup plus difficile ; on la chauffe jusqu'à ce qu'après avoir perdu son eau, l'argile change de couleur et passe au rose, mais non pas au rouge.

Quand on possède de la terre très-argileuse et capable par conséquent de se durcir à l'air, on en construit quelquefois les murs. Ces bâtisses, dites en *pisé*, sont usitées dans le centre de l'Allemagne, ainsi que dans le midi de la France ; elles sont économiques, chaudes, durables, mais elles ne résistent naturellement pas à l'action des eaux. On commence à substituer, dans tout le nord de l'Europe, aux constructions en briques, celles en *pisé de mortier,* qui ont l'avantage d'être économiques, chaudes, très-durables, et de résister à l'action des eaux.

Pour bâtir en mortier, on construit d'abord la charpente de la maison sur laquelle on met le toit, et qu'on appuie sur de solides et larges fondements en pierre au-dessus desquels on dispose un système de caisses en planches mobiles, dans lesquelles on entasse des fragments de pierres gros comme des noix ou même comme le poing, sur lesquels on coule le mortier, fait avec 4 parties de sable pour 1 partie de bonne chaux grasse et une suffisante quantité d'eau, c'est-à-dire environ 1 partie 1/2 ; on tasse bien le mélange, et vingt-quatre heures après on coule une seconde couche sur la pierre, en continuant ainsi de suite, jusqu'à ce que les murs soient achevés. Les murs doivent avoir 60 centimètres d'épaisseur pour qu'ils ne puissent pas geler. Quand les murs coulés sont couverts, on compte que, pour être solides, ils doivent avoir 1/9 de leur hauteur en largeur, jusqu'à 3 mètres, et 2 centimètres de large par mètre de hauteur en sus ; pour les murs découverts, la largeur doit être de 1/8 de la hauteur et de 4 centimètres de plus par mètre de hauteur en sus. Pour empêcher la dégradation des murs à ciel ouvert, on les couvre en général de dalles ou de tuiles, ce qui est plus économique; on pourrait aussi en garnir le sommet avec du ciment romain, excellent pour garnir les terrasses, ainsi que les réservoirs d'eau. On en fait actuellement des bassins de fontaines, des tuyaux pour l'eau, des marches d'escalier, enfin tout ce qu'on taillait jadis dans la pierre.

Il est bon de garnir tout le bas des murs des écuries jusqu'à 1 mètre de hauteur du même ciment hydraulique, ou d'une couche d'asphalte, qui, en leur ôtant leur porosité, empêche le salpêtre de s'y développer.

La couverture des toits est fort importante, puisque c'est d'elle que dépend en grande partie la durée du bâtiment; celle en tuiles est la meilleure quand elles sont bien cuites, mais elle est coûteuse, tant par elle-même qu'à cause de la vigoureuse charpente qu'elle exige. La couverture la plus économique est celle en planches, sur lesquelles on cloue de la toile ou du carton imbibé de goudron de houille ou de bois, et saupoudré de sable ou de poudre de briques. Ces toitures, économiques autant que légères, veulent être revernies en totalité chaque année; elles ne sont point aussi facilement combustibles qu'on le suppose, à raison du sable qu'on y mêle. Pour éclairer le dessous des toits, on emploie les tuiles en verre, qu'on trouve actuellement partout.

Le choix des bois de construction est tout aussi grave que celui des pierres et de la chaux; ils doivent, dans tous les cas, être bien secs, si on ne veut pas s'exposer à les voir se tourmenter à mesure qu'ils perdent leur eau, qui s'élève jusqu'à 40 p. 100 dans les bois verts. Le bois le moins durable est celui de hêtre; celui de pin est sujet aux vers; ensuite vient le sapin, et enfin le chêne, qui résiste cinquante ans dans les conditions les plus défavorables, et de un à trois siècles dans une atmosphère sèche. Pour conserver les bois, on les imbibe d'une solution d'acétate ferreux ou zincique, qu'on leur fait absorber pendant qu'ils sont en pleine sève; ainsi préparés, ils sont aussi durables que la pierre, inattaquables par les insectes, comme aussi par les champignons, et parfaitement incombustibles.

Quand les bois n'ont pu être préparés par ce procédé, on les dessèche aussi bien que possible, et on les vernit avec du goudron de houille, ou de l'huile de lin cuite dans laquelle on délaie la couleur voulue.

Pour garnir le sol des écuries, le mieux est de paver, de couler sur lui du mortier épais, au-dessus duquel on pose enfin le plancher en bois, incliné de 6 centimètres par mètre; pour les granges, on dalle tout simplement, ou on coule de la chaux hydraulique sur un empierrement solide.

Les fenêtres sont doubles, c'est-à-dire que, brisées vers le milieu, leur partie supérieure glisse dans une coulisse, où on peut l'élever ou l'abaisser à volonté, ce qui évite les coûteuses charnières métalliques. Quant aux portes, qui ont 2 mètres de large sur 3 de haut, on fait bien de les construire glissantes aussi, mais dans des coulisses horizontales, ce qui évite les ferrements et permet de les ouvrir à volonté, sans craindre qu'elles ne battent et ne blessent le bétail en se refermant. C'est surtout pour les toits à porcs que les portes glissantes verticales sont recommandables, parce qu'elles résistent aux chocs les plus violents.

Afin de pouvoir fixer le volume que doivent avoir les emplacements destinés à conserver les récoltes, nous dirons qu'en général 1 mètre cube de paille, foin ou racines, pèse 100 kil., que 1 hectolitre de grain occupe un espace de 25 centimètres cubes, et que 1 hectare de terrain rapporte, en moyenne, 2,500 kil. de foin ou autres récoltes.

NOTICE ADDITIONNELLE.

Les Vidanges.

Dans le fumier frais, on trouve seulement 2 p. 100 de cendres ; il y en a 6 dans celui qui est à moitié décomposé, et 8 à 10 dans le terreau, ce qui démontre que dans le fumier à moitié décomposé, les deux tiers de la matière organique ont disparu, et les trois quarts quand il s'est changé en terreau.

Le fumier humain, ou vidange, n'est guère employé en grand qu'en Chine, où son usage permet d'entasser dans les villes une population immense, qui se nourrit avec le produit des jardins plantés autour d'elles, et fumés uniquement avec les vidanges, puisque les Chinois n'ont pas de bétail.

Depuis quelques années, bien des esprits instruits et logiques se sont occupés de l'utilisation des vidanges et du danger qu'il y a pour toutes les grandes villes à ne pas les utiliser, puisque c'est le seul engrais qu'elles puissent rendre aux campagnes dont elles tirent leurs aliments et qu'elles épuisent. Néanmoins, on recule devant des mesures d'un intérêt aussi général, parce qu'elles seraient vexatoires, et on oublie qu'en perdant cet engrais précieux entre tous, c'est l'existence même de la société qu'on met en question. Voici des chiffres à l'appui de cette assertion : chaque homme adulte produit par jour 1,200 grammes d'urine, valant 3,04 le quintal métrique, et 166 grammes de déjections solides, valant 3,48 le quintal métrique. Or, comme le tout fait environ 0,283 mètre cube, composé de 0,243 d'urine et 0,040 de matières solides, il s'ensuit que le fumier que produit chaque homme par an vaut 14 fr. 75. Cette quantité suffit ponr produire 450 kilog. de froment.

Il faut 174 quintaux métriques, soit 108 hectolitres de cet engrais par hectare, lorsqu'on l'emploie tel quel, sous forme liquide. Son effet, qui est très-puissant, ne dure qu'un an. Quand on l'emploie pour les prairies, on l'étend de moitié d'eau. En Espagne, je l'ai vu verser dans les sillons, semer sur lui le froment, et rouler ensuite ; les blés étaient superbes. Le mieux est d'employer les vidanges après les avoir mêlées avec des débris végétaux, tels que du marc de raisins, de la tourbe, des pailles, des boues de route ou des feuilles sèches. Ces matières les désinfectent et en prolongent l'effet, qui sans cela ne dure qu'un an.

Plus les vidanges sont fraîches, plus aussi leur action est puissante. Aussi ne saurait-on recommander assez l'emploi des fosses mobiles et la suppression des fosses fixes, qui dégagent des émanations malsaines, diminuent la valeur de l'engrais, en lui permettant de fermenter, et empoisonnent par leurs infiltrations tous les puits des alentours.

Les vidanges des personnes bien nourries sont beaucoup plus puissantes que celles des gens dont l'alimentation est insuffisante. La différence, qui est d'un tiers en général, peut aller jusqu'à moitié.

TABLE

ORLÉANS, IMPRIMERIE DE GEORGES JACOB, CLOITRE SAINT-ÉTIENNE, 4.

TABLE ALPHABÉTIQUE DES MATIÈRES.

ORLÉANS, IMP. DE G. JACOB, CLOITRE SAINT-ÉTIENNE, 4.

www.ingramcontent.com/pod-product-compliance
Ingram Content Group UK Ltd.
Pitfield, Milton Keynes, MK11 3LW, UK
UKHW021152260726
13994UKWH00001B/405

9 782329 456348